用iPad& Clip Studio Paint 開創漫畫之路

青木俊直 著 黃嬌容 譯

透視尺規 P.78
繪製多頁 P.110

效果線 P.70

3D速寫 P.124

Apple Pencil P.15
圖層蒙版 P.50

INDEX

1章

用iPad和
CLIP STUDIO PAINT
來畫畫看

第1章會根據數位繪圖的優點、

iPad和Apple Pencil是什麼、

使用CLIP STUDIO PAINT可以做到什麼等大家常有的疑問，

一邊解答一邊說明基本操作方式。

本書是將我在美術大學使用CLIP STUDIO PAINT授課的內容為基礎，再將內容調整為適合iPad操作，並以讓初學者也能清楚易懂的方式，針對基本功能與操作加以說明。也在思考後刪去不太常使用或是難度太高的功能。市面上有些CLIP STUDIO PAINT技法相關的書籍，對所有功能都有詳細說明，如果有需要的人可以參考那些書籍。而透過本書，各位主要能學習到如何利用iPad和CLIP STUDIO PAINT輕鬆愉快地畫漫畫。

我覺得拿起這本書的讀者之中，和原本是用電腦繪圖而要開始改用iPad的人比起來，應該有更多人是因為買了iPad而想開始創作漫畫吧。在開始說明關於iPad和CLIP STUDIO PAINT之前，我想先來跟大家談談「究竟數位繪圖有什麼優點」。

數位繪圖最大的優點就是「修改時比較輕鬆」。畫錯了可以馬上刪除或是回到前面的步驟，畫好的部分也可以利用放大、縮小、移動、旋轉、變形等功能進行修正。第二個優點就是可以使

用「圖層」。圖層是像動畫的賽璐璐片般的構造，使用圖層就能輕鬆地作出各式各樣的變化。例如可以單獨選取線條上色，或是只要將前方的人物和背景的圖層分開來畫，修改時就會比較輕鬆，也比較容易為作品增添各種變化。數位繪圖的優點基本上就是上述兩點。

個人認為基本上利用iPad和CLIP STUDIO PAINT就能完成大部分的工作，不過我也認為CLIP STUDIO PAINT是一個「為了沒辦法下定決心的人而設計的工具」。因為誠如上述，CLIP STUDIO PAINT有許多可以修改或是回到之前步驟的設定，所以在描繪作品

以色彩增值描繪的插畫

時，可以前前後後地進行多次嘗試。也
可以準備好 A、B、C 三個版本，然後
放在一起評比，「A 版本比較好呢」
「果然還是 C 比較好吧」，像這樣選擇
喜歡的版本。

數位繪圖的另一個優點是不需要準
備紙、顏料、筆等工具。只要打開下載
好的軟體就可以馬上開始畫，不用事前
準備也不用善後整理，手也不會弄髒。
更不需要擔心畫到一半紙張沒了、顏料
用完了非得再出門去買不可。

本書中使用的 CLIP STUDIO PAINT
中，不論是筆（筆刷）、顏料（顏色）
還是漫畫用的網點等通通都有，不必再
多花錢購買（使用者自訂的筆刷的話，
則有許多人會做好分享，可在網路上購
買）。基本所需的工具都準備齊全，利
用 CLIP STUDIO PAINT 就能全部完成，
所以非常方便。可以快速描繪漫畫的框
線，貼網點或是平塗也都能馬上完成。
CLIP STUDIO PAINT 中，備齊了許多像
這樣能加快作畫速度、更加提升效率的
功能。

一開始也寫了，數位繪圖的優點就是「修改時比較輕鬆」。但在這裡，我們就再往深度一點來談吧。

若以傳統的紙筆方式來畫漫畫的話，後來要修改會很麻煩，畫錯的話得用橡皮擦擦掉（如果已經描線的話就要用白色筆修改），或是有可能需要全部重畫。如果想在描線階段盡量減少修改，那在畫草稿的時候就要全部確實決定

好。以這點來看，因為數位繪圖即使描線後要修改也非常方便，所以不必如此小心翼翼地畫。

此外，數位繪圖即使畫失敗了也可以馬上擦除或是還原步驟，所以不太需要凡事都考慮周到，總之就先畫畫看，畫好後可以透過移動變形、放大縮小、旋轉等功能來調整畫面的平衡。例如，在畫面上的建築物稍微偏左邊或

右邊的話，可以簡單地移動來調整位置；沒有好好地素描出人物比例就開始畫，畫好後覺得「頭好像有點太大了」的話，稍微調整一下就可以將頭縮小等等。因為可以像這樣簡單修改，有時會覺得拉出一條線條時所投注的心力比以前少了許多。其他還有許多相當方便的功能，雖然比較偏向圖像編修的範圍，不過可以複製貼上或是剪下貼上，也對

TOSHINAO AOKI 2020

繪圖很有幫助。

因為數位繪圖的修改和加工作業等比較簡單，所以的確也和提升繪圖作業的速度息息相關。雖然這是優點沒有錯，可反過來說，如果習慣這樣的作法後，突然要從數位繪圖回到傳統繪圖的作業模式時就會變非常困難，以平常數位繪圖的感覺來進行傳統繪圖時，會有傳統繪圖也可以輕鬆修改的錯覺，「咦

？這樣啊！不能這樣做啊！」應該也有不少人會有這樣的感覺吧。

以數位繪圖來說，不僅可以輸出成多種形式，入手也相當方便。能夠印刷成紙本，但也可以刊載在網站上，更能輕輕鬆鬆地上傳到 Instagram 或 Twitter 上。像這樣跨平台上分享，也是數位繪圖的優勢。

如果不是單獨作業而是多人一起創作的話，以數位繪圖的方式也比較好協力合作。像現在這樣的時代，很難將大家聚集在一個空間內共同創作，所以可以讓每個人各自在家裡或職場中將自己負責的部分完成後，再結合成一個完整的作品，我認為這同樣也是數位繪圖的優點之一。

儘管和初學者比較沒有關係，但

在一格裡畫入兩個以上的角色時，為了避免「密閉空間」所以將框線打開一個開口。

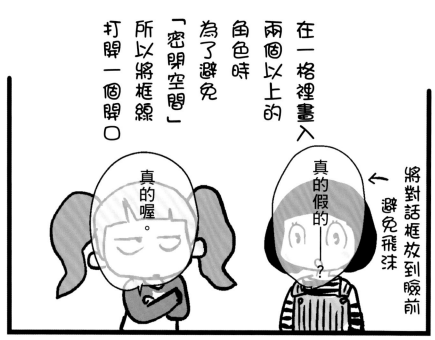

將對話框放到臉前，避免飛沫 ←

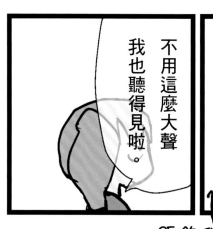

面對面的時候，稍微分開約一格的距離 ↑

關於 COVID-19
時代的漫畫表現法
Ver.1
Toshinao Aoki
2020

數位繪圖的優點 ③

圖層的構造，就是像動畫的賽璐璐片般透明且層層疊起。將一張畫的各個元件或顏色分散到多個圖層中，可以分別加筆抑或變化，這樣修改的時候也會比較容易。此外，若是在圖層上編輯或做出特殊效果，因為可以保留原本的畫面，所以若對做出來的結果不太滿意的話，只要將圖層刪除就可以回復到原本的畫面。像這樣事先分出圖層，就可以不斷「嘗試＆發現錯誤」。

我原本是不會仔細區分出圖層的人，所以算是屬於圖層數較少的人。但大致上來說，會事先分出「線條」和「上色」的圖層，將這兩個部分以圖層區分開來非常重要。例如，如果畫好後不喜歡角色頭髮上色的感覺，以沒有辦法區分圖層的手繪原稿來說，「上色」和「線條」都在同一張紙面上，最後只好全部重畫。但以數位繪圖來說，只要事前將「上色」和「線條」的圖層區分開來，這種時候就能應對。

我在美術大學授課時常常對學生講，「數位繪圖就是可以不斷嘗試和發現錯誤」，而如果使用圖層，「嘗試＆

發現錯誤」也會跟著有更多不同的變化。以我自己的例子來說，我經常會在想要這麼做，但這的確也是數位繪圖的描線的時候先畫出許多不同版本的底稿，將構圖或是版面配置稍微做些變化，「到這個部分的話就用這個版本吧」，接著再像這樣從中挑選適合的。

真的是很適合無法下決斷的人的做法呢。大致上來說，數位繪圖基本上就是將許多不同圖層組合在一起、完成一幅作品，所以可以像這樣輕鬆便利地製作。而事實上，應該也有不少人因透過這樣的做法而精通圖層運用。

也就是說，被稱為「數位繪師」的人，常會使用非常多的圖層，然後透過區分各個圖層的方式，使呈現出的畫面效果越來越好。而我真心認為，能將圖層如此複雜地使用、精通用法的繪師非常厲害。恐怕現在十幾二十歲、以成為數位繪師為目標的年輕人，都進行著能精通使用為數驚人之圖層數的修煉。

小小的元件也區分出圖層、能精準切換「加亮」「色彩增值」「濾色」「覆蓋」等圖層模式、加入效果、呈現出手繪時會相當麻煩的畫面變化，並創造出

充滿自我風格的作品。雖然我自己沒有想要這麼做，但這的確也是數位繪圖的強大能力。

我也滿常提醒學生，就算很會使用軟體，也不代表就能畫出好的畫作或是漫畫。許多精通軟體的繪師，都是畫了非常多畫之後才越變越厲害，除此之外的人，大多只使用基本功能。所以，我希望現在開始的初學者，可以不要畏懼軟體強大的功能，盡其所能地畫下去。

用 iPad 繪製漫畫的優點

我是在二〇一六年左右開始使用iPad pro繪製漫畫，當時Apple Pencil上市也是重要關鍵。在那之前我有一般的iPad，試用過很多市售的觸控筆，但不管哪一款都不太合，因為這個關係，所以我對於Apple Pencil也是抱持著先觀望一陣子的態度。詢問了身邊使用者的評價，也看到寺田克也先生開始用iPad和Procreate這款軟體繪製漫畫，「似乎相當有趣呢。」我記得這就是我購入Apple pencil的契機。

Apple Pencil和iPad Pro的組合用起來比我想像中好用許多，和我目前為止用過的其他觸控筆等級完全不同。「如果是這個的話，好像也可以用來工作。」這是最初的想法。

一開始還沒有CLIP STUDIO PAINT這個軟體，所以我主要是用Procreate來塗鴉或是描繪草稿。Procreate＋iPad Pro＋Apple Pencil的組合太過出色，或許可以說Procreate是個能充分發揮Apple Pencil優秀性能的軟體。Procreate和CLIP STUDIO PAINT都是我至今仍持續使用的軟體。

二〇一七年，CLIP STUDIO PAINT推出了可供iPad使用的版本，出門在外也能工作真的很棒。使用CLIP STUDIO PAINT時，可以透過雲端同時更新桌上型電腦裡和iPad中的檔案，這對我有很大的幫助。我在外面時可以先用iPad畫到一個段落，回家後打開Mac繼續繪製完成，像這樣就能流暢地進行作業。雖然我最近幾乎都是在iPad上就把作品完成，因此幾乎不太會在家裡用Mac進行作業，不過最後想用大畫面來確認完成的作品時還是會用Mac。

用iPad畫圖時，不需要在特定場所才能作業也是重點。在搭車移動時可以畫，所以我搭乘新幹線往返京都的大學和自家時也經常使用。最近，在咖啡店等地方用iPad畫漫畫或插圖的人也逐漸變多了。用Mac電腦或是Windows電腦繪圖的話，無論如何都離不開工作的空間，但只要有iPad，不管在哪裡都可

以畫漫畫、進行作業。

儘管筆記型電腦也不難攜帶，但比起來的話iPad更輕，而且可以直接使用Apple Pencil在螢幕上作畫也是一大優點（要用筆電畫圖的話，必須要有觸控筆和繪圖板）。以準備的費用來考量的話，購買iPad和Apple Pencil也比準備桌上型電腦或筆電的門檻更低對吧？

iPad可以用手指觸控來「un do」（回到上一步），也可以用手指觸碰一下就點出選單，十分便利。開始有點老花眼跡象後，放大和縮小也變成必備功能，我在紙上描繪時也會忍不住用手指做出放大畫面的手勢，「啊！不對！我現在畫在紙上啊！」發現之後自己也會傻眼。像這些小事我會在Twitter上分享，也得到很多人附和和表示同意，看來大家都會不小心做出這些糗事。也讓我認為現在這個時代，iPad已經是便利且身邊就能取得的工具了呢。

最後，有一種「類紙膜」，貼在iPad表面上就能產生彷彿畫在紙上的感覺，我自己也是愛用者。貼上類紙膜後，會加快Apple Pencil筆尖的耗損速度、需要經常更換筆尖，基本上Apple公司好像不是很推薦，但也有越來越多過去是以紙筆方式描繪的人，開始慢慢轉換成數位繪圖，所以我想還是會有人因想追求如畫在紙上的感覺而使用類紙膜。現在市面上有很多品牌的類紙膜，或許實際使用比較一番也不錯。

iPad、iPad Pro 和 Apple Pencil

iPad Pro和搭配組合的Apple Pencil的登場，顛覆了過去繪製數位漫畫、插畫工具是「電腦＋繪圖板或液晶繪圖板」的一般觀念。

為了專門對應iPad而開發的Apple Pencil（也適用於二〇一八年後推出的iPad系列產品），和目前為止的平板用觸控筆比較起來，畫起來的手感和真實呈現度有飛躍性地提升，且具備能對應正式繪圖的完整性能。許多職業漫畫家或插畫家開始改用iPad創作，或是以iPad搭配電腦，就是對iPad與Apple Pencil性能最好的證明。

應該也有不少剛開始選擇數位繪圖工具的人捨棄了筆記型電腦或桌上型電腦而選擇iPad。首先，最推薦的是先到Apple Store或是家電量販店等試用看看，不過在那之前，我想先為各位提供基本常識，說明一下iPad和Apple Pencil的特點。

iPad 和 iPad Pro 哪個比較好？

iPad

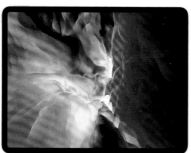

iPad Pro

初學者或只是畫興趣的人其實用iPad就很足夠了。iPad Pro比較適合已經習慣用液晶螢幕作畫或從事繪圖工作的人，尤其推薦給需要大面板的人。依照下方的說明，其對應的Apple Pencil也不同，所以如果預算許可的話，就還是買Pro吧。

而iPad則比較適合剛開始嘗試數位繪圖的人、只是因興趣而畫插畫的人、想買便宜一點工具的人。以畫插畫來說，並沒有一定要用Pro才可以使用的繪圖軟體，所以具體功能並沒有差別。而iPad mini的畫面較小，因此不太適合用來繪圖。

iPad Pro ▶▶▶	已經習慣液晶觸控螢幕的人	從事繪圖工作的人	需要大畫面的人
iPad ▶▶▶	正要開始數位繪圖的人	只是畫興趣的人	價格便宜優先的人

Apple Pencil 有兩種

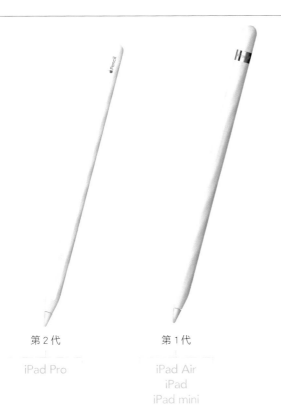

第 2 代

iPad Pro

第 1 代

iPad Air
iPad
iPad mini

用來繪圖的筆、也就是Apple Pencil，有「第一代」和「第二代」兩種。第二代的Apple Pencil只能對應2018年發售的iPad Pro 3，其他機種無法使用。充電方式也有所不同。第一代的Apple Pencil取下筆蓋後，連接iPad本體下方的「Lightning接頭」就能充電，而第二代的Apple Pencil則是貼附到iPad pro本體側面的磁性接頭，就能無線充電。形狀上也不同，第一代的Apple Pencil筆身是圓的，而第二代則為了方便貼在本體側邊充電，而將其中一面做成平面。兩者之間不能互換，第二代的Apple Pencil無法對應iPad使用，而第一代的Apple Pencil則無法對應iPad Pro使用。

以畫起來的感覺來說，第二代的Apple Pencil和iPad Pro的組合，就像用粉筆畫在高磅數列印紙上，有適度的摩擦感。而第一代的Apple Pencil則是像畫在玻璃上、滑滑的感覺。如果想要更接近紙張的質感，市面上有販售貼在螢幕上的類紙膜，試用看看也不錯。如果預算許可的話，比較推薦第二代的Apple Pencil與iPad Pro，但如果想要輕鬆一點入門的話，第一代的Apple Pencil和iPad的性能也已經非常足夠。

Apple Pencil 筆尖的使用壽命

Apple Pencil是消耗品。其使用壽命會因使用的頻率、筆壓等而大有不同，大致上約可持續使用一至兩年，如果只是偶爾畫的話，應該可以持續使用數年。而如果螢幕有貼上類紙膜，使用壽命則會比一般使用下來得更短。筆尖磨損且露出金屬部分時就必須更換。

關於 iPad 版本的 CLIP STUDIO PAINT

CLIP STUDIO PAINT是一個繪圖軟體，在以Amazon或家電量販店等販賣數量為基準的「BCNAWARD」排行榜裡，於圖像軟體部門中蟬聯多年第一名寶座。不只能描繪漫畫及插畫，也可以製作動畫，許多專業人士在工作時也相當喜歡使用這個軟體，尤其是在漫畫圈內，已經成為了幾乎不允許其他軟體生存的特殊存在。

此外，也有約莫五十所美術大學等與創作相關的教育機構導入這個軟體，在使用者超過五千萬人、全世界最大的插畫交流平台「pixiv」上也是使用率最高的軟體。由於是日本國內開發的產品，因此非常受到信賴，在全世界到處都有販售的Wacom繪圖板和HP、VAIO、TOSHIBA、FHUJITSU等製造電子產品的大公司，也都選用CLIP STUDIO PAINT當作同時販售的軟體。

而iPad版本和電腦版本的功能幾乎相同。也可以兩者互相連結進行作業，但從iPad版本開始繪製漫畫的人也不少，可說是進入了只用iPad創作漫畫的時代。

價位

iPad只有每個月付費的方案。而同一個認證帳號會依使用的Windows電腦、Mac電腦、iPad、iPhone等裝置數量來決定金額。

月費

1台	980 日圓
2台	1,380 日圓
高級方案（4台）	1,600 日圓

年費

1台	7,800 日圓
2台	10,800 日圓
高級方案（4台）	12,800 日圓

＊ 最初的前3個月可以免費使用，請務必試用後再考慮是否付費購買。

作業環境

要繪製高解析度作品的話，只有iPad Pro可以做到，如果要描繪一般尺寸的插畫，可以使用iPad 5th（2017年）、iPad Air（2014年）或更新的產品。
OS的話請使用iOS 12、iPadOS 13以上的版本。

PRO 和 EX 的差別

畫插圖的話	畫漫畫的話
PRO	**EX**

最初要購買軟體時可能會覺得有點困惑。不過總之想畫插畫的話就選PRO，要畫漫畫的話則選EX。此外，PRO在功能方面有些限制，而EX則是可以使用所有功能。以下具體列舉出PRO中無法使用的功能。

- 管理多個頁面
- 將圖像轉換為網點圖像
- 文字管理
- 製作動畫

桌上電腦版和 iPad 版本的差異

iPad版本中不能使用以下列舉的功能。

開啟作品檔案中的單獨頁面
只有電腦版可以在包含多個頁面的作品資料夾中開啟單獨頁面。

讀取掃描的圖像
iPad版本無法讀取外接掃描器所掃描的圖像。

CLIP STUDIO PAINT 的推薦重點

能做到那些功能呢？

可以拉出有動感的生動線條

能根據筆壓的感知而讓線條有強弱變化。分別描繪粗線與細線，便能呈現出畫在紙上般的感覺。

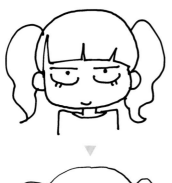

可以拉出漂亮的線條

透過能夠將抖動線條修正成俐落線條的功能，不管要修正成多直的線條都可以調整。因為能夠拉出漂亮的線條，對數位繪圖的初學者來說，是非常有用的功能。

簡單就能分割畫面

能夠正確地分割畫面，這樣的功能可說是數位繪圖的特長。只要在畫面上拉一條線就會幫我們分好框線。框線的間隔可以自由設定，也可以重畫。

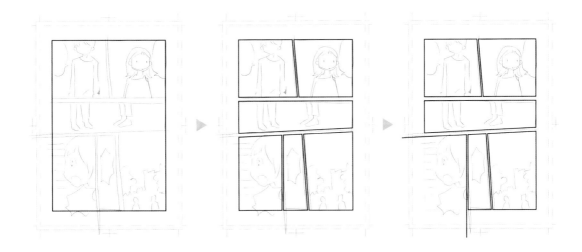

也能簡單就加上效果線

集中線或表現速度感的效果線，全都能一下就幫你做好。也可以用尺規功能自己拉效果線。

內建漫畫用的字體

漫畫中對話的文字是以明朝字體（平假名）與Gothic黑體（漢字）組合的，軟體中內建將這兩個字體整合在一起的「I-OTF Antique Std-B」字體。

有點微妙——
不過感覺
畫成彩稿，
雖然試著

網點愛怎麼貼就怎麼貼

漫畫中經常使用的各種圖樣網點，也是愛怎麼貼就怎麼貼。與其說是貼，其實更接近用顏料或麥克筆塗色的感覺，也可以在畫好後做切割等加工。

介面上各部分的名稱

命令列上常用的按鈕

撤銷 重做
點選的話就能夠撤銷。
也可以重做。

對齊到尺規
鉛筆或筆刷等設定為不須依
照對齊到尺規。

對齊到特殊尺規
設定一個路徑後設定為特殊對
齊到尺規。

對齊到柵格
設定一個路徑後設定為對齊到
柵格。

命令列

工具列

輔助工具
點選工具後就會打開這個選單。
可以選擇工具的功能或種類。

工具屬性
可以設定工具的數值等。

輔助工具詳細
可以進行比圖層設定面板
更細節的設定。

圖層屬性面板
管理所有圖層。可以調
整圖層的順序或不透明
度等。
→ 40頁

圖層面板
可以設定圖層。呈現的
色彩等也是在這裡選擇
設定。

※中文版截圖底色為黑色，與日文原版不同。

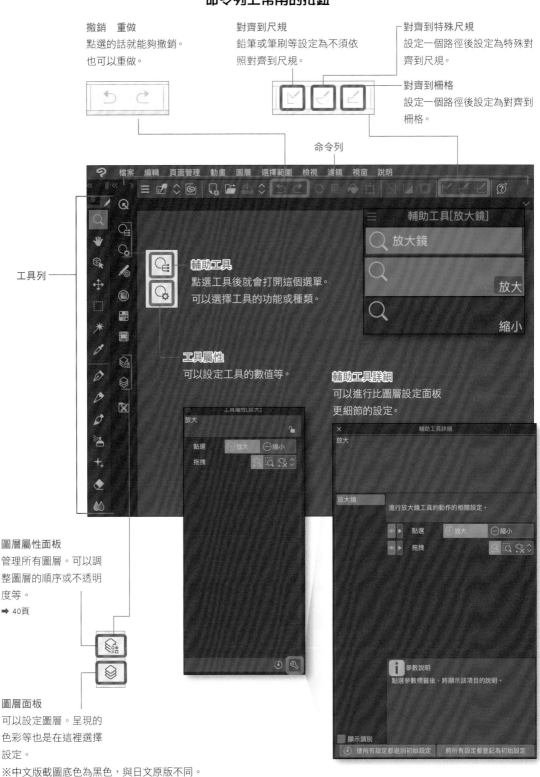

① 放大鏡

用兩支手指在螢幕上操作也可以做到相同功能，所以在iPad上很少使用這個工具。

② 移動

用手指在螢幕上滑過也可以做到相同功能，在iPad上很少使用這個工具。

③ 操作

物件工具的話可以將物件（圖形）變形或旋轉等。在後續修改時一定會使用的工具，使用機率很高。

④ 移動圖層

用手指拖曳工作範圍的話，可以只移動特定圖層上的內容或網點。

⑤ 選擇範圍

指定貼上網點的範圍等時候使用。

⑥ 自動選擇

觸碰工作範圍的話，就會自動做出選取範圍。

⑦ 吸管

從工作範圍上吸取顏色到色彩面板中。

⑧ 沾水筆

可以使用G筆，畫出麥克筆般的線條。

⑨ 鉛筆

可以畫出鉛筆般的線條。

⑩ 毛筆

可以像畫筆般上色。

⑪ 噴槍

可以畫出如噴槍般暈開模糊的效果。

⑫ 裝飾

預設好可以畫出星形等圖案的工具。

⑬ 橡皮擦

可以擦掉畫好的線條或顏色。但在點陣圖與向量圖會有不同的效果，要多加留意。

⑭ 色彩混合

在畫好畫面上摩擦顏色與顏色間的邊界，可以讓顏色如融合般地混合在一起。

⑮ 填充

觸碰一下封閉的線條範圍，就能自動填滿上色。

⑯ 漸層

在工作範圍中用筆型工具拉出線條的話，就能做出漸層。

⑰ 圖形

描繪直線、曲線或是四角形、三角形等圖形，還有集中線和速度線等。

⑱ 分格邊框

可以做出框線與編輯框線。

⑲ 尺規

也可以製作與編輯直線曲線尺規、透視尺規之外的放射線等特殊尺規。

⑳ 文字

輸入文字的工具。

㉑ 對白框

以將文字框起來的方式製作出對話框。

㉒ 線修正、畚斗

在修改向量線條的時候使用。

㉓ 顏色面板

可以變換線條或塗色等畫作中要使用的顏色。

圖層面板的圖示名稱

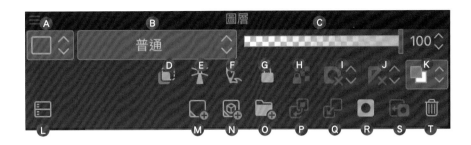

K 變更圖層顏色
將圖層顏色套用到選擇的圖層中。

L 用兩個窗格顯示圖層
將圖層面板顯示的圖層分為兩個區塊。可以拖曳圖層列
表下的橫槓來指定切分的位置。

M 新點陣圖層
在選擇的圖層上新增一個點陣圖層。

N 新向量圖層
在選擇的圖層上新增一個向量圖層。

O 新圖層資料夾
新增一個圖層資料夾。

P 謄寫到下一圖層
將所選圖層中的圖像謄寫到下一個圖層上。

Q 與下一圖層組合
將所選的圖層和下一圖層組合為一個圖層。

R 建立圖層蒙版
在所選的圖層上製作圖層蒙版。

S 在圖層上套用蒙版
將圖層蒙版的部分刪除後轉成一個圖層。

T 刪除圖層
刪除所選的圖層。

A 變更面板顏色
將在圖層面板上選擇的圖層加上顏色標示。

B 混合模式
決定圖層混合的方式。

C 不透明度
調整所選圖層顯示的透明度。設定為0%就會變成透明
的。

D 用下一圖層剪裁
參考下面一個圖層,限制所選圖層的顯示範圍。

E 設定為參照圖層
參照所選的圖層描繪。

F 設定為底稿圖層
將選擇的圖層設定為底稿圖層。

G 鎖定圖層
將圖層設定為不能修改的模式。

H 鎖定透明圖元
設定為不能在透明區域描繪。塗色就不會超出到透明
的範圍。

I 使蒙版有效
切換蒙版的有效、無效模式,就可以改變可見的蒙版範
圍。

J 設定尺規的顯示範圍
可以設定將尺規參考點設為有效的圖層範圍,或參考
線的移動方式。

觸控手勢與快速小鍵盤

用兩指旋轉

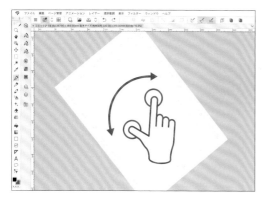

旋轉畫布

用手指滑動

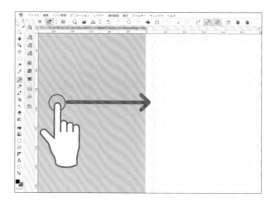

移動畫布

用兩指點擊

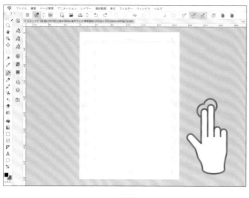

撤銷

將兩指靠攏

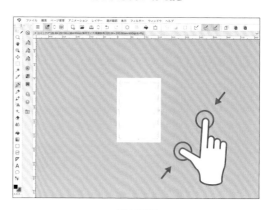

縮小畫布

用三指點擊

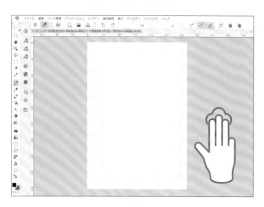

重做

將兩指分開

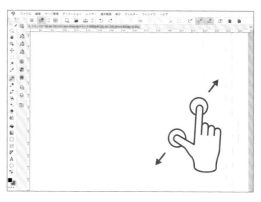

放大畫布

變更觸控手勢

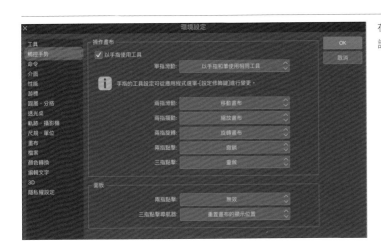

在環境設定中的「觸控手勢」中可以變更設定。

快速小鍵盤

用手指在畫面邊緣拖曳就會出現選單。在要選擇多個物件或描繪直線、正圓形、正方形時會使用shift鍵，是使用頻率很高的按鍵。

設定快速小鍵盤的快速鍵

T1～T6都是用來設定快速鍵的。從選單點選CLIP STUDIO的LOGO＞**快速鍵設定**，選擇設定區域與操作項目，從中選擇對應的指令，按下快速鍵編輯或是新增的同時按下T1，就能完成設定。如果是iPad的話，因為沒有像鍵盤上的「Command＋C」等快速鍵，所以建議先設定好剪下、複製、貼上等比較方便。

從畫面邊緣拖曳就會出現

從右邊拖曳也可以

我買了iPad Pro 也買了CLIP STUDIO！

從今天起我也是人氣漫畫家！

從此能靠版稅過生活！住在高級公寓！去米其林三星的餐廳！國外旅行！

先開始畫啦！

嗯——

「檔案」「編輯」「頁面管理」

總之先來看介面上的這些文字。

唉——所以不畫不行嗎——

但我一看介面就覺得好像很麻煩——

唔——一步一步來吧？

先用筆點一下「檔案」如何？

咦？沒問題嗎？會不會爆炸？

哪會啊。

在CLIP STUDIO中，一般都稱為「畫布」。

也就是說，這就是漫畫的原稿紙？

哇哇！有什麼東西跑出來了！

用筆點一下這個「新建」。

檔案　編輯

新建…

剪貼簿

照片圖庫新建

打開…

妳看畫面左邊，有些像鉛筆啊沾水筆什麼的圖示對吧？

那麼，要用什麼筆來畫？選哪種筆？

哇——又跑出看起來很麻煩的介面了啦！

新建

作品用紙

檔案名稱：漫畫

保存位置：Clip Studio/漫畫

預設：　商業誌用 裁斷3mm黑白（600dpi）

設定漫畫原稿

裝訂（完成）尺寸

⑪點選這裡

③OK

②選擇『商業誌用　裁斷3mm黑白』的預設值

總之，先照著①②③的順序做做看吧？

出血框
（最外面的四邊形）

外框
（第二個四邊形）

出血
（介於第一個和第二個四邊形中間）

如果想畫到超出框線範圍的話，就畫到最外面的框線處。

基本上是畫在最裡面的「內框」裡。

裁切線
（顯示完成尺寸的標準線）

內框
（最內側的方形）

書是將內容印刷在很大張的紙上再疊起來依照規定的尺寸裁切

為了在裁切時有點誤差也沒關係所以才需要「出血」

文字或是重要的圖量控制在內框裡！

記得要盡量控制在內框裡！

出血框外的內容，是不會印刷出來的。

喔喔！是新的畫面！那些四邊形的框是？

就是要將漫畫內容描繪在四邊形的框線內。

外框　出血

裁切

畫布

設定使用單位

文字則是可以選擇「pt」或是「Q」。用哪一種都可以。1pt＝大約0.35mm，72pt＝1英吋，是國外常用單位。1Q＝0.25mm，是日本國內常用的單位。

開啟CLIP STUDIO PAINT後，就先設定「單位」吧。點選CLIP STUDIO的圖示後＞環境設定＞尺規、單位，在這裡就可以修改。初始設定的單位應該是「px」。「px」就是指「像素」在畫面中的點陣數。在網路上刊載的作品將單位設定為像素較好。而如果要印刷成紙類媒介，就設定為「mm」。本書中則是以「mm」來做說明。

開啟畫布

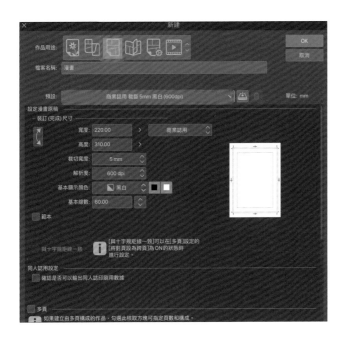

在CLIP STUDIO中描繪漫畫的「原稿紙」稱為「畫布」。
檔案＞開啟新檔後選擇漫畫的「商業誌用 裁斷5mm黑白（600dpi）」預設值。要描繪很多頁的漫畫時記得勾選「多頁」的選項。

出血

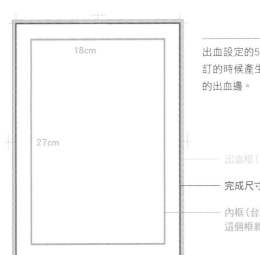

出血設定的5mm稱為裁切線，為了在印刷或裝訂的時候產生誤差也沒關係，所以設定了5mm的出血邊。

18cm

27cm

出血框（這邊會被裁切掉）

完成尺寸

內框（台詞等希望能完整閱讀的部分要畫在這個框線裡）

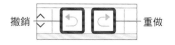

作業過程中的「撤銷」和「重做」

撤銷 ⌃⌄ ↺ ↻ ── 重做

在作畫時想回到前一個步驟的話可以「撤銷」，想回到最後完成的上一個步驟時可以「重做」，這是在用電腦作業時最基本且非常重要的功能，所以要熟記。在選項列表上也有按鈕。

複製＆貼上

選取多個

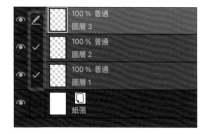

如圖所示，勾選紅色圈起來的地方，就可以一次選擇多個元件。

因為在iPad上沒有快速鍵，所以請在**快速小鍵盤**的T1～T6設定好。

剪下（cut）
將選取的部分刪除後，暫時儲存在電腦內的暫存檔案裡（又稱為剪貼簿）。

複製（copy）
將選取的部分直接保存在剪貼簿裡。

貼上（paste）
將保存在剪貼簿裡的元件貼上。

選取範圍工具

選取以「長方形」～「折線」工具圈選起來的範圍（包含透明部分）。

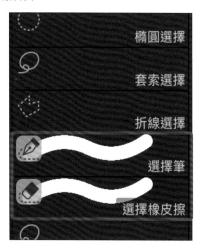

「選擇筆」可以像用筆圈選起來一樣增加選取範圍。
「選擇橡皮擦」可以像用筆圈選起來一樣，刪除選取範圍。

自動選取工具

剪下、複製時一開始要先選取需要的部分。紅色和黑色圓圈分屬於不同圖層，選擇不同圓圈，其選取範圍也會改變。

以編輯中圖層選取：
只會參考紅色圓圈的圖層選取範圍。

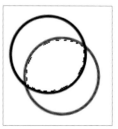

以其他圖層選取：
依照紅色和黑色兩個圖層相交的範圍選取。

移動、變形（放大、縮小、旋轉）

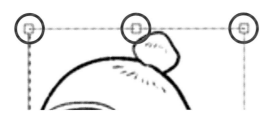

點選選取工具後就會出現**選取範圍設定**的選項。在這裡也可以選取「放大、縮小、旋轉」。

1. 將想要移動或變形的部分用選取工具圈選起來。
2. 編輯>從「變形」中選擇「放大、縮小、旋轉」

在選取狀態下將游標拖曳就可以移動。如果要水平、垂直或是斜向移動45度角的話，請一邊按著shift一邊拖曳。拖曳圖像角落與邊上的小正方形，就可以將圖像放大、縮小或旋轉。

工具屬性中還有許多變形

🕐 重設	
▷◁ 左右鏡射	⎯⎯ 上下鏡射
✓ 確定	✕ 撤銷

在向量圖層中要變形的話，可以選擇「變更向量的粗細」。選取後會依照放大的倍率自動調整線條粗細。

勾選「保留原圖像」的話，就會將原本圖像保留，然後複製一個圖像做變形。

使用方法

編輯＞變形＞自由變形。四個角落可以任意地移動、變形，拉著邊線的話，就可以用平行四邊形般的方式變化移動。

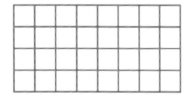

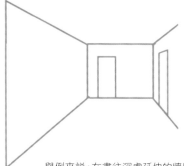

舉例來說，在畫往深處延伸的牆壁圖樣時就可以使用。

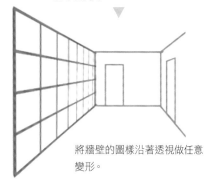

將牆壁的圖樣沿著透視做任意變形。

編輯＞變形＞彎曲變形。將要變形的範圍以格子區分，可以各自變換形狀。在畫衣服的花樣時會用到。

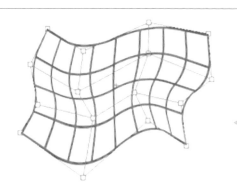

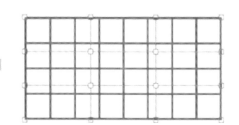

底稿

CLIP STUDIO中有底稿專用的圖層「底稿圖層」，有很方便的功能。

1. 將檔案輸出時不會顯示。
2. 畫到超出框線也沒有影響。

4. 用筆形工具開始描繪。

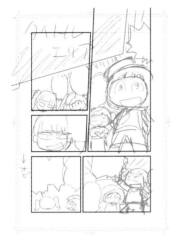

準備底稿圖層

1. 「圖層＞新點陣圖層」。將圖層命名為「底稿」。

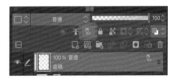

5. 畫好後將圖層的不透明度設為50%。如此一來，在描線時就很容易區分線條。

2. 選擇設定好的圖層，點選底稿的圖示後就會變成「底稿圖層」。

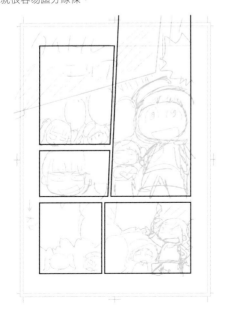

3. 為了更清楚明瞭，於圖層設定中設定圖層的顏色。在這個範例中是設定為藍色。

描線

想修改線條時

1. 選擇橡皮擦工具。

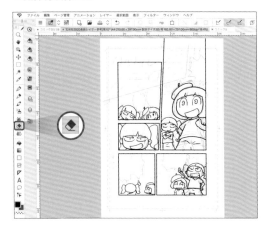

2. 在工具屬性中選擇筆刷尺寸,調整橡皮擦的大小。

3. 沿著想刪除的線條描繪就能擦除。

1. 選擇「圖層>新圖層>向量圖層」。將圖層命名為「描線」。

2. 選擇沾水筆,並從G筆、擬真G筆、圓筆選擇其一。

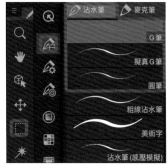

3. 在工具屬性中選擇筆刷的尺寸。

4. 開始描繪線條。

到完成封面的步驟

在畫好版面架構後，要怎麼以CLIP STUDIO繼續繪製？在這裡以完成本書封面的步驟來解說，包含必備的元素、圖層的順序等，希望讓大家能一邊看一邊掌握繪製漫畫整體來說是什麼樣的感覺。

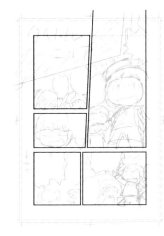

① 底圖

決定紙張的尺寸。本書是B5尺寸。掌握好版面架構後就可以動筆了。先區分框線，描繪底稿。

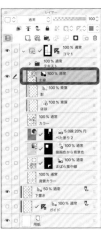

② 描線

將線條描繪出來。圖層是向量圖層，命名為「主要線條」後設定為黑白。

③ 上色

開始替人物上色。圖層命名為「上色」。首先試著平塗吧。

④ 修飾上色

再加上陰影，臉頰處也加上顏色後完成。將圖層設定為「色彩增值」，和平塗圖層融合。

⑤ 網點、背景

畫上背景。可以使用網點或漸層。在第四格加上效果線。

⑥ 文字

最後加上文字框和文字，設定蒙版後就完成了。

儲存檔案的地方

儲存在iPad中

於「檔案＞儲存」選擇要儲存的地方。

選取「這個iPad裝置內＞CLIP STUDIO資料夾」儲存。在沒有連接上網路時，也可以儲存在iPad中，所以不管在哪裡都可以將漫畫的檔案讀取出來。可以利用Airdrop將檔案傳送到桌上型電腦裡，於未連接到網路時也可以儲存讀取檔案。此外，也可以先暫時儲存在iPad中，等能連上網路後再上傳到雲端。

作品的管理

選取「檔案＞開啟CLIP STUDIO」。打開CLIP STUDIO就能進行管理。將雲朵圖示旁的滑桿拉開，就會上傳到雲端。

上傳雲端

有10GB的容量可供自由使用。CLIP STUDIO的雲端空間，與其說是記憶裝置，不如說是為了和電腦版CLIP STUDIO共同使用而存在的空間。上傳到雲端後，在桌上型電腦也可以讀取操作同一個檔案，所以可以在外出時先以iPad進行作業，回家後再用桌上型電腦繼續繪製。不需要特地收發檔案，就能無縫地利用iPad與桌上型電腦來回傳輸製作。

調節筆壓設定

調整筆的感壓程度,就能依照喜好畫出想要的感覺。
熟悉操作後,就試著依照自己的喜好,將筆壓調整成輕柔或是剛硬吧。

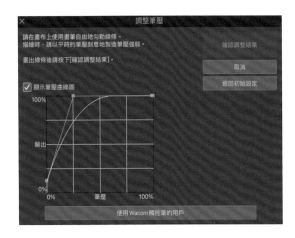

選擇「CLIP STUDIO圖示＞調節筆壓檢測等級」,
就會出現可以調整筆壓的曲線圖。在畫布中加上
力道畫出線條。

檢測出筆的感壓度後就會出現圖示。
選取「**確認調整結果**」的圖示。

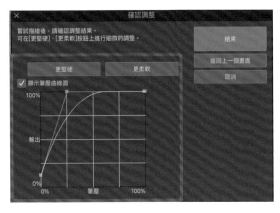

依照這個設定,可以用「**更柔軟**」「**更堅硬**」的按
鈕來調整,也可以移動曲線進行細微調整。

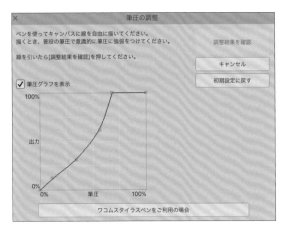

青木流感壓設定

我的設定如圖所示。

2章

數位繪圖的基礎
圖層和蒙版

要以數位繪圖畫漫畫時，

最開始一定要知道的，就是圖層與蒙版。

這兩項都是在非數位繪圖領域時不會接觸到，

所以特別難懂的功能，

一下子想全部理解可能有點難度，

所以我想一邊使用一邊熟悉用法會比較好。

那麼，如果要加入新圖層的話，該怎麼做呢？

好問題！

就大致上能作畫了。

嗯……只靠點陣圖層，

那，就不需要其他圖層了吧？

快幫我把被擦掉的下半身畫回來！

從上面的「圖層」選單中選擇「新圖層」……

圖層　選擇範圍　檢視　濾鏡　視窗
新點陣圖層
新圖層
新色調補償圖層
新圖層資料夾
資料夾管理

點陣圖層
向畫圖層
漸層
平塗
網點
分格邊框資料夾
3D點

咦!?這是什麼！未免也太多了吧？

可素捏～
內個向量圖層功倫強大而且又很慌便咧！

不要突然給我怪腔怪調！

圖層竟然有這麼多種類啊……

總之，就先記得「點陣圖層」和「向量圖層」這兩種吧！

我好怨恨呀～

向量圖層是可以將線條做特殊處理的圖層

儘管無法上色

但只要按一下

就可以將畫錯的線條刪除掉

喔？不見了！

啊！被貼符！

點陣圖層就是可以進行一般畫或塗塗擦擦，最基本的一種圖層。

←描線

←上色

←擦除

啊，別擦掉我啊！

唉呀！就快要天亮了，關於向量圖層，下次有機會再說吧～

喔！變成半透明靈體了！

融化 融化 融化

圖層的基本

CLIP STUDIO和Photoshop一樣，都是利用圖層（像透明底片般的東西）重疊來畫出作品。檔案中可以新增多個圖層。CLIP STUDIO則準備了許多具有不同功能的圖層。選擇左下角的圖層圖示，就能打開圖層面板。圖層便是透過圖層面板與其中的圖層設定來管理。

摺疊起來 ——

打開 ——

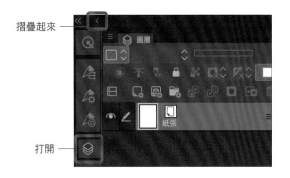

① 打開圖層面板

點選圖層的圖示。或是從選單中的視窗＞圖層。點選工具列上方的箭頭就可以將面板收起。

新圖層

② 增加新的圖層

點選圖層面板上的圖示。

③ 變更圖層名稱

在名稱部分連點兩下，就可以輸入名稱。

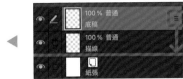

4 移動圖層

點選圖層右方三條橫線的地方
不要放開，直接用筆往下拖
曳，就會出現紅色橫線。

將圖層移動到「描線圖層」的
下方紅線處，就可以將筆移開
畫面。

5 圖層顏色

設定圖層顏色後，不論工具列上是選什麼顏色，都會顯
示在圖層顏色的色彩面板中。預設的顏色是藍色，所以
面板上會出現藍色的直線。

會加上圖層顏色的圖示。

點選圖層顏色圖示。

要變更圖層顏色時，就點選圖示右邊向上或向下的
三角圖示，選擇「圖層顏色」

6 改變整個圖層的顯示色彩

CLIP STUDIO可以改變單一圖
層所呈現的色彩，這一點和
Photoshop有很大的差異。以
Photoshop來說，只能透過描
繪的顏色來改變呈現的色彩，
但CLIP STUDIO可以將整個圖
層設定為「黑白」或是「彩
色」，並在兩種模式並存的狀
態下描繪。

在圖層設定的「顯示顏色」中設定為
「彩色」。

圖層上出現圖示，表示該圖層為彩色圖層。

＊ 這個圖示所代表的「基本顯示顏色」和圖層的
「顯示顏色」會在不同地方出現。「基本顯示
顏色」的「彩色」圖示，會出現在黑白的圖層
上。

要新增向量圖層時⋯

這裡！

又是新圖層！

圖層 選擇 圖示 資料夾
新點陣圖層
新圖層 > 點陣圖層
新色調補償圖層 向量圖層
新圖層資料夾 漸層

圖層 > 新圖層 > 向量圖層

那麼，這次要來說說向量圖層了——

向量圖層？

那是什麼東西啊？

有這個圖示的話，就是向量圖層！

00 % 通常
ベクター

100 % 通常
ラスター

說到這個的話⋯

APPLE PENCIL

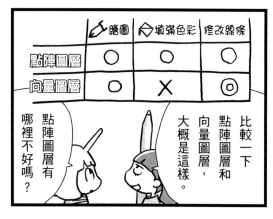

比較一下點陣圖層和向量圖層，大概是這樣。

	繪圖	填滿色彩	修改線條
點陣圖層	○	○	○
向量圖層	○	✕	◎

點陣圖層有哪裡不好嗎？

就是這樣啦！

我拉

哇！

嗯⋯⋯點陣圖層的確比較全面，但是，妳不想知道向量圖層在修正線條方面的強大功能嗎？

我還好⋯

對吧！很想知道吧？

咭，這就是向量圖層！

妳對人家的頭髮做了什麼啦——

42

只要運用「至交點」的選項，就能輕鬆刪除畫到超出邊界的部分。

很方便吧！

是很方便沒錯啦，但我還是不會認可唷～

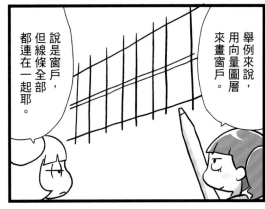

舉例來說，用向量圖層來畫窗戶。

說是窗戶，但線條全部都連在一起耶。

將在向量圖層畫好的圖點選物件工具。

喔？

只要用橡皮擦工具點一下，瞬間就會改變！

咦？不用一點一點慢慢擦嗎？

啊！什麼！

直接移動物件～

在點選向量圖層的狀態下選擇橡皮擦工具的工具屬性中，有「刪除向量」的選項。

工具屬性[較硬]

較硬

筆刷尺寸　9.5

硬度

筆刷濃度　100

✓ 刪除向量

抖動修正　2

隨意去拉這些點點，改變形狀～

不要玩我的頭髮——

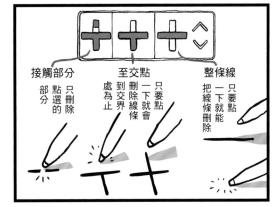

整條線　一下就能把線條刪除

至交點　點一下就會刪除線條到交界處為止

接觸部分　只刪除點選的部分

而且修改線條時也很簡單！

修改——？是變形吧！

這還不簡單！像這樣拉出線條，

喔！

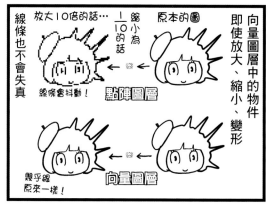

向量圖層中的物件即使放大、縮小、變形

原本的圖

縮小為1/10的話

放大10倍的話…

線條也不會失真

線條會抖動！

點陣圖層

向量圖層

幾乎跟原來一樣！

選擇「交點」點一下氣刪除，

好！頭髮剪好囉！

喂！這不過是把海膽變成海鞘而已啊！

海鞘　海膽

常見的標誌等，如果用向量圖層來畫的話，就可以運用在許多地方喔。

不要隨便拿別人的臉來玩！

話說回來，因為向量圖層上無法著色，所以我們先另外開一個上色用的點陣圖層。

喔喔——怪不得我的頭髮之前都沒有顏色～

100 % 通常　線

100 % 通常　塗り

如何啊？多少也有點認可向量圖層了吧？

幫我把頭髮復原的話，

我就認可啦！

在「填充」這邊選擇「參照其他圖層」，

好了！和海鞘一樣的橘色呢！

哇～咿我最喜歡海鞘了——

輔助工具[填充]

填充

僅參照編輯圖層

參照其他圖層

圍住塗抹

向量圖層

用CLIP STUDIO繪圖時，主要的圖層有點陣圖層和向量圖層兩種。目前使用的繪圖用的圖層是「點陣圖層」，是像Photoshop一樣在畫面上以細微的點狀（稱為畫素或像素）聚集起來而呈現出的樣子。而現在要開始說明的「向量圖層」，則是像Illustrator那樣，以數學方式演算出的線條作畫。向量圖層可以在一般為人物描線時使用，且在畫立體的物體或圖形時更能發揮特性，畫起來也更加方便。

新增向量圖層的方法

點選圖層面板上的「新向量圖層」圖示。圖示上有個立方體圖案的就是向量圖層。

刪除至交點

在這裡介紹向量圖層中最具魅力的功能「刪除至交點」。在向量圖層選中選擇橡皮擦工具後，橡皮擦工具中的「刪除向量」就會變成可以使用的按鈕。

・接觸的部分
只會刪除橡皮擦工具點選的部分。和在點陣圖層使用橡皮擦的功能相同。

・刪除至交點處
只要點選就會刪除到交叉處為止的線條。畫在其他向量圖層上的線條也會影響。

・刪除整條線
將點選的線條完全刪除（以物件為單位）。

在向量圖層做變形

在向量圖層上，即使多次放大縮小線條也不會變模糊。以下方的圖舉例來說，先將原本的圖像縮小為1/10再放大10倍，在點陣圖層中線條會變得很模糊，但向量圖層中的圖像卻沒有改變。

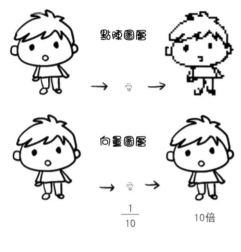

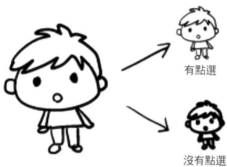

在向量圖層上做變形時，要在工具屬性中點選「**變更縮放時的粗細**」。有點選這個選項的話，線條的粗細就會隨著放大縮小的倍率改變。在點陣圖層有點選這個選項的話，線條的粗細也會改變。

「刪除至交點處」的便利用法

點選**圖層**圖示。或是從**視窗** > **圖層**開啟。在工具面板上可以點選箭頭讓工具列摺疊起來。

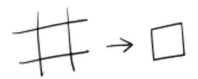

描繪四邊形時刪除超出邊界的部分。

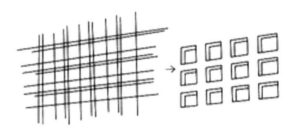

畫窗框之類的物件時，也可以用直線尺規等快速拉出線條後，再一口氣刪除不需要的部分。

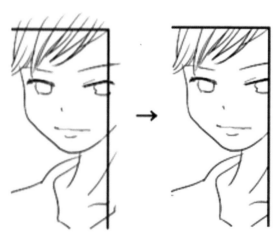

和框線交界的地方也可以清除乾淨。

加工或修改畫在向量圖層上的畫

選取向量圖層後,在圖層設定中就會出現「工具導航」。

 抓取向量線條變形

在向量線條上移動Apple Pencil就能將定點移動或變形。拖曳變形的範圍等可以在工具屬性中設定。

 **以修改線條幅度
變換線條粗細**

在向量線條上以塗色般的方式移動Apple Pencil,線條就會慢慢變粗。線條要變多粗或多細,都可以在工具屬性中設定。

 **以物件修正工具
將向量線條移動、變形**

點選四個角落的錨點或橫桿就可以放大、縮小、選轉。

**以線條修正工具
變形或修改**

點選向量線條上的錨點變形或修改。在工具屬性處可以設定。

圖層進階設定與圖層效果

在圖層設定中可以設定圖層呈現的色彩或是製作邊線、圖層顏色、網點化等圖層效果。有許多不可或缺的功能，所以請務必熟記。

圖層呈現的色彩

在點陣圖層或向量圖層皆適用。
可以決定所選圖層的顏色呈現。

黑白　　　　　　　　　　　灰階　　　　　　　　　　　彩色

套用正在預覽的顯示顏色

將圖層呈現的色彩由彩色變換為灰階或黑白，就會出現「**套用正在預覽的顯示顏色**」這個選項。在預覽階段也可以回復成原樣，但點選的話，原本的顏色會變成被刪減過後的色彩。

• 只選黑色
不論調色盤是什麼顏色都以黑色描繪。如果把描線圖層設定成這樣就相當方便。

• 只選白色
不論調色盤是什麼顏色都以白色描繪。

圖層設定效果

在點陣圖層、向量圖層、畫作素材的圖層中皆適用。在圖層設定中的「效果」中，可以將圖層增加各式各樣的效果。「效果」可以選擇很多個，也會因圖層的類型不同而有不同效果。在這裡介紹主要的幾種。

圖像素材圖層
（從外部讀取進來的圖片、從素材面板中讀取的材質或花樣等）

點陣圖層、向量圖層、文字圖層

圖層顏色

指定畫出來的圖像的顏色。接近黑色的顏色會變成「**圖層顏色**」中指定的顏色，接近白色的顏色則會變成「**輔助顏色**」中指定的顏色。

※ 圖層呈現色設定為「黑白」或是「灰階」等使用黑白兩色時，可以設定「圖層顏色」和「輔助顏色」。若呈現色是黑色或白色其中一個顏色的話，則所有顏色都會被圖層顏色中指定的顏色取代。

網點化

將圖像轉成網點。適用於彩色和灰階的圖像。圖像全部都變成網點，沒有任何線條。轉換的階調則以漸層呈現。

邊緣效果

可以輕鬆地加上邊緣。在「**邊緣的粗細**」中可以改變寬度，在「**邊緣顏色**」中可以變換邊緣的顏色。

減色表示

將彩色的圖片轉為灰階或是黑白。

原本的圖片　　　　灰階　　　　　黑白

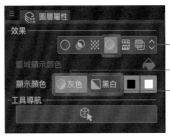

— 減色表示
— 轉為灰階
— 轉為黑白

平常在畫的時候，會用橡皮擦擦掉。

但在框框的邊線或是對話框等，用橡皮擦是擦不掉的。

接下來是MASK（蒙版）了。

要保持社交距離。

兩個人在同一格裡時，為了空氣流通所以把格子打開一個開口。

這個時候就會用蒙版讓不想露出來的部分隱藏起來

按一下這裡

就能做出圖層蒙版！

雖然在日常生活中說到MASK是指這個沒錯。

然後像這樣用橡皮擦擦呀擦——

但在CLIP STUDIO的世界裡，是指這個！

並不是擦掉圖像，只是用蒙版將圖像隱藏起來，所以將蒙版刪除圖像就會恢復原狀了！

嘴巴被遮住，所以發不出聲音

CLIP STUDIO中的MASK是指蒙版，只要用蒙版就可以只將某處隱藏起來不被看見。

兩個人都在近景的時候要保持社交距離，所以把格子分開了

咦？要把嘴巴的蒙版還原，然後把對話框擋住臉的部分用蒙版隱藏起來嗎？

咦？蒙版？又要刪除嗎!?

就用剪裁蒙版吧！

那麼──只好用另一種了。

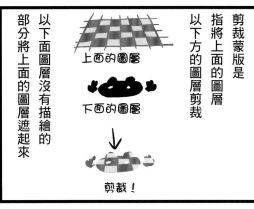

剪裁蒙版是指將上面的圖層以下方的圖層剪裁

以下面圖層沒有描繪的部分將上面的圖層遮起來

上面的圖層

下面的圖層

剪裁！

要求很多耶，真是麻煩。

好啦好啦～

真是的！不要用蒙版隨便玩弄人家！

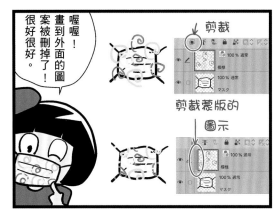

喔喔！畫到外面的圖案被刪掉了！很好很好。

剪裁

100 % 通常
模様

100 % 通常
マスク

剪裁蒙版的圖示

100 % 通用
模様

100 % 通常
マスク

就當作把我的口罩畫上可愛的圖案！

唔……離太遠了很難畫…

那我就用粉紅色的栗子圖案口罩吧！

因為是剪裁蒙版，所以我在口罩上畫了跟剪裁蒙版日文發音相同的迴紋針！

所以我不是說很難畫了嗎！

妳看妳！圖案都跑到口罩外面了啦！

（※栗子＝KURI，粉紅色＝PINK，發音與剪裁蒙版的日文接近）

蒙版

蒙版是可以利用將圖層局部遮起來（隱藏起來），讓該部分好像被刪除掉的功能。蒙版最大的特色，就是在沒辦法使用橡皮擦工具的「圖像素材圖層」或「文字圖層」等中，代替橡皮擦的功能，且因為只是隱藏起來、不是將局部刪除，所以可以復原。在CLIP STUDIO中則有「圖層蒙版」和「剪裁蒙版」兩種。

圖層蒙版

在按下「圖層蒙版」時所選的該圖層加上一個「蒙版」。

新圖層蒙版的方法 1

1. 選擇想加上圖層蒙版的圖層，按下「製作圖層蒙版」。

2. 在圖層縮圖處會出現一個全白的小圖。這就是「圖層蒙版」。

　＊「縮圖」指的就是小小一張的預覽圖。

3. 在圖層蒙版上可以使用**橡皮擦工具**擦除圖片的局部。想要還原時可以用上色工具。在縮圖處，被蒙版遮住的部分會顯時為黑色，而沒有被遮住的部分則是白色。

新圖層蒙版的方法 2

試著用橢圓形的「選取範圍工具」選取出一個圓形。

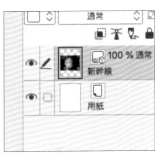

選取「圖層＞圖層蒙版＞在選擇範圍外製作蒙版」的樣子。

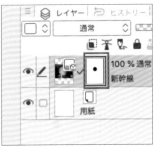

在選單中選取
「圖層＞圖層蒙版＞在選擇範圍製作蒙版」的樣子。

剪裁蒙版

蒙版的另一個用法是「剪裁蒙版」。這是由上面的圖層和下面的圖層剪裁而成的蒙版。

1. 先顯示一下剪裁前的圖像。

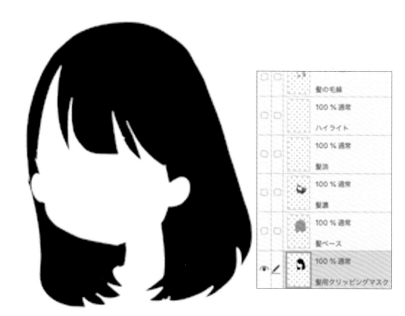

2. 在圖層面板中選取「用下一圖層剪裁」。

3. 圖層縮圖左邊出現紅色線條的話，就代表和下方圖層建立了剪裁
　 蒙版。

4. 可以如圖所示，將多個圖層連續建立剪裁蒙版。全部的圖層都和
　 最下方的圖層連結在一起。要這麼做的話，剪裁蒙版圖層與被遮
　 起來的圖層，必須在圖層面板中連續排列在一起。如果中間放入
　 一個無關的圖層，那連結就此中斷，請務必留意。

整合成一個資料夾後再做連結

一個圖層要和多個圖層做成剪裁蒙版時，也可以將這些圖層放入資料夾中整合起來再做蒙版。

選取時的方便功能

1. 自動選取

在圖層面板點選縮圖時同時按下Command鍵，就可以將該圖層上描繪的圖選取起來。即使將圖層設定為不可見圖層也依然可以選取。

3. 儲存選取範圍

想永久將選取的範圍保留下來時使用。從選單中選取「選取範圍>儲存選取範圍」後，會在圖層面板中出現一個將選取範圍以綠色顯示的圖層。和快速蒙版一樣，點選圖示就能夠選取儲存的範圍。

2. 快速蒙版

用於想將選取的部分暫時保留下來時。從選單中選取「選取範圍>快速蒙版」後，會在圖層面板中出現一個將選取範圍以紅色顯示的快速蒙版。點選快速蒙版圖示的話，不論圖層可見或不可見，都可以用快速蒙版的方式選取顯示為紅色的部分。但存檔的話快速蒙版就會消失。

3章

用CLIP STUDIO PAINT畫漫畫吧

終於要來介紹漫畫的畫法了。

會開始出現框線分割或是上色等漫畫用語。

CLIP STUDIO中，上色或是貼網點等都能一口氣完成，

框線超出範圍也會自動隱藏起來。

由此就能感受到CLIP STUDIO的方便之處了吧！

首先先大致切割，之後再慢慢地細分就好。

啊！又變得更狹窄了！

總之先依照數字的順序分割看看吧！

② ① ④ ⑤ ③

將框線拉到工作區域的最邊邊。

喔！可以動了！

要將框線的間隙變寬或變窄時

在邊框線分割的工具屬性中變更上下左右的數值後就能修正

工具屬性[邊框線分割]

邊框線分割

分割形狀

☐ 環境設定的邊框線間隔

左右間隔 5

上下間隔 9

我可以突破框線從這裡跑出來！

框線什麼的是侷限不了我的！

啊！變大啦！真是自由啊！

這麼窄的框框不能變寬一點嗎！

可惡！動不了啦！

呵呵，教你把框框變寬的方法吧——

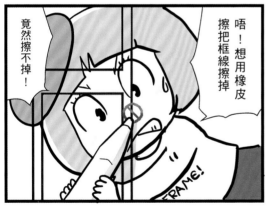

唔！想用橡皮擦把框線擦掉

竟然擦不掉！

將想變寬的框以「物件工具」選取，點選想擴展的邊上的黃色三角形！

咦？這個嗎？

嘿嘿嘿，框資料夾是個很特別的圖層，所以是不能使用橡皮皮擦的！

唔！她也變超巨大！

類別選擇「向量圖層」

勾選「保留原圖層」。

這時就是要用之前所說的笑料圖層（向量圖層）！

為什麼發音又變奇怪了！

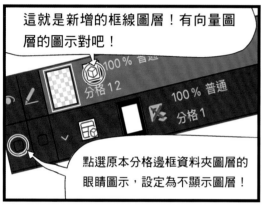

這就是新增的框線圖層！有向量圖層的圖示對吧！

點選原本分格邊框資料夾圖層的眼睛圖示，設定為不顯示圖層！

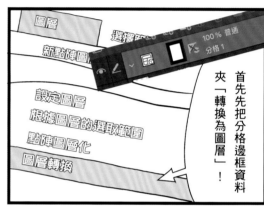

首先先把分格邊框資料夾「轉換為圖層」！

設定圖層
根據圖層的選取範圍
點陣圖層化
圖層轉換

到底要飛到哪裡去啊——！

快停下來啊——！

太自由了！

不被框線局限的我自由了！

太好了！自由了！

誰知道？

也就是說，想要獲得自由，必須要有知識！

如果圖畫在向量圖層上的話，用橡皮擦工具的刪除向量物件，選擇「刪除至交點處」，這樣點一下就可以刪除框線！

如果是畫在點陣圖層的話，就選用「刪除接觸部分」將框線擦除！

喔喔！框線消失了！

來框線分割吧

④ 設定輔助工具

分格邊框的方法大致上來說有「分格資料夾分割」和「邊框線分割」兩種。這次選用的是「邊框線分割」。

① 分格邊框資料夾

在CLIP STUDIO是使用「分格邊框資料夾」。點選CLIP STUDIO圖示＞環境設定＞圖層、分格，在這裡可以再次輸入框線上下左右間闊的數值。來看一下簡單的設定流程吧。

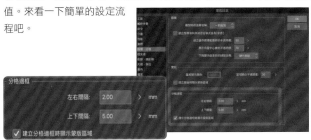

⑤ 設定工具屬性

框框之間的間距則是在「分格資料夾分割」的工具屬性裡決定。點選「環境設定的邊框線間隔」，就能以在環境設定中輸入的數值分割。

② 製作「分格邊框資料夾」

點選「新圖層」＞「分格邊框資料夾」。輸入線條粗細的數值。

③ 將蒙版區域設定為可見或不可見

分格邊框資料夾的外側（被蒙版覆蓋的範圍）會以藍色顯示。這個藍色部分可以在環境設定中將「製作框線時顯示蒙版範圍」的勾勾點選掉，就會變成不可見的部分了。

⑥ 拉出框線

往想要拉出框線的方向拖曳APPLE PENCIL，就會出現框線分割的參考線。首先先分割出大的框，之後再慢慢仔細分割。如果想拉出水平或垂直的分割線條，請一邊按住shift並同時拉出線條。

或是將圖層面板上「顯示蒙版範圍」的勾勾點選掉就不會顯示了。

修改分割好的框線

設定工具屬性

❶ 對齊到其他分格邊框

移動框線時會貼近其他框線。

❷ 與其他分格邊框同步

• 「不連動」
只會單獨移動。

• 「部分連動」
上下移動時旁邊的框線連動。
左右移動時則不連動。

• 「連動」
上下左右移動時連接的框線都會連動。

❸ 描繪邊框線
想刪除框線時就把勾勾點選掉。

物件工具

1. 點選物件工具之後，選擇想要修改的框線線條。

＊ 點選框線中的部分也不會有反應，所以要多加留意。

2. 點選四個角落的錨點或是框線線條後拖曳，框線就會移動變形。

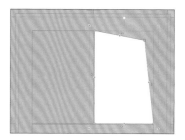

3. 點選＊黃色三角形處就可以做出超出邊界的效果。

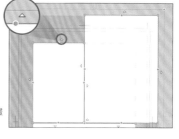

＊ 超出邊界…將圖畫畫到紙張邊緣處

分割分格邊框資料夾和框線分割是什麼

框線分割

在一個分格邊框資料夾中分割出框線。圖畫會超出框線邊緣等不想被框線侷限住的呈現方式時，就適合用這個方式。

分割分格邊框資料夾

分割時每切分一次就會將一格做成一個分格邊框資料夾。將圖畫描繪在每個框線中。如果是圖畫都畫在框線中的漫畫，利用這個方法的話，描繪即使線條超出框線邊緣也不用太在意。

結合分割好的框線

從工具列的圖層>
尺規、分格邊框>
組合分格邊框，就
可以將框線結合起
來。

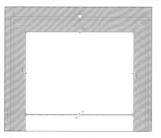

◀

選取物件工具並同
時按著shift，選擇
多個想結合在一起
的框線。

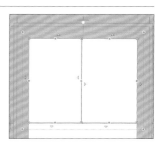

＊若邊框距離太遠有時會無法組合，這時請試著讓邊框靠近一點。

平均框線分割

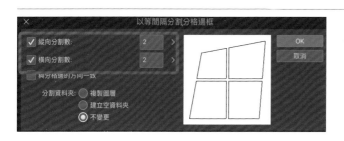

從「圖層>尺規、分格邊框>以等間隔分割分
格邊框」點選。如果只想上下均分或是左右均
分，就點想分割的方式。這時框線分割的間
隔會以環境設定中設定的數值為準。

製作單獨的框線

從輔助工具中
選取製作分格。

也有工具是可以不將框線分割，而是
從頭開始製作一個單獨的分格邊框資料
夾。要製作重疊在框線上的另一個框框
時就會非常方便。

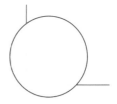

❶ 長方形分格
除了長方形以外，也可以製作橢圓形或多邊形的框線。
在輔助工具的「圖形」中可以選擇形狀。
＊同時按著shift的話就能做出正方形或是正圓形。

＊按下輔助工具下方的扳手圖示就會出現詳細的工具屬性。

❷ 線條框線
可以製作以各種線段（或是曲線）框起來的分格邊框資料夾。

❸ 框線畫筆
可以製作以任意曲線畫出的框線。

刪除部分框線

點選分格邊框資料夾後從選單中選取圖層>點陣圖層化。框線1就會分成圖層和檔案夾兩個部分。在框線1的圖層上就能以**橡皮擦**擦除框線。

如果框線1的檔案夾沒有必要的話可以設定為不可見。如果圖畫是畫在點陣圖層上的話,這是最簡單的作法。

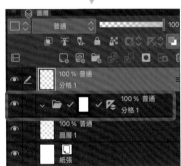

在分格邊框資料夾中製作而成的框線,沒有辦法用橡皮擦等工具刪除。如圖所示,想讓圖畫有部分超出框線邊界時,就將分格邊框資料夾「點陣圖層化」。所謂「點陣圖層化」就是將該圖層轉換為「點陣圖層」。只要轉換為點陣圖層,就能用橡皮擦工具將線條擦掉了。

畫在向量圖層上時

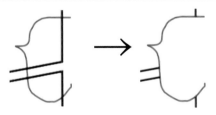

將分格邊框資料夾轉換為向量圖層的話,就可以用「刪除至交點處」將框線刪除乾淨。

做出一個框線圖層(向量圖層)。請將原本的分格邊框資料夾設定為不可見。
這裡就能將已經轉為向量的框線和向量線條的交界處(刪除至交點處)刪除乾淨。很推薦利用向量描繪主要線條的人使用。

點選分格邊框資料夾後從圖層選單中選取「圖層轉換」。
「類別」則設定為向量圖層。
同時點選「保留原圖層」。

上色

方便的「封閉間隙」功能

使用「**填充工具**」時，如果線條沒有封閉起來的話，顏色就會從未封閉的部分流出去，導致整個畫面都變成黑色的。在CLIP STUDIO中，如果是小小的空隙的話，有個可以把空隙合起來的「**封閉間隙**」功能。在**工具屬性**面板中可以找到。

❶ 封閉間隙
在工具屬性的「封閉間隙」右邊有多個方形，點選越右邊的方形就表示可以封閉越大的空隙。但如果是「封閉間隙」也無法做到的大空隙的話，請用筆形工具自己把開口補起來。

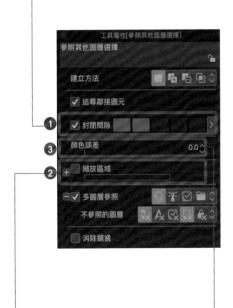

❷ 縮放區域
點選這個選項的話，在細部進行填滿上色時會超出邊線（擴大範圍設定的數值大過線條粗細時），所以在細部作業時請點選掉這裡的勾勾。

❸ 顏色誤差
在繪製黑白原稿時請將數值設為0%。雖然預設值是10%，但這樣白色和10%的灰階色調幾乎沒什麼不同的樣子。如果是繪製彩色的原稿，則可以視所需程度稍微往上增加百分比。

① 製作圖層

製作一個填充上色用的新圖層。為了之後方便修改，所以先新開一個圖層比較好。

② 填滿色彩

利用**填充工具**，一口氣在封閉的區域內填滿色彩。

③ 選擇參考圖層

請使用**輔助工具**中的「**參照其他圖層**」。選取「參照其他圖層」的話，上色範圍就會參考其他設為可見的圖層。當「描線」和「上色」是分別在圖層時就可以使用這個功能。

封閉的線條

為封閉的線條

＊但「底稿圖層」和「文字圖層」可以選擇參考或不參考。

④ 完成

這樣就上色完成了。

貼上網點

在貼上網點時會用專用的「網點圖層」。而與其説是「貼上」，不如説是更接近「塗上」的感覺。手繪原稿時要先貼上網點後再用美工刀等切下剝除，在CLIP STUDIO繪製的話則是以填滿工具塗滿，或是用筆描繪、用橡皮擦擦除。

從選擇範圍啟動器上貼網點

新增一個網點圖層有很多種方法，本書中介紹的是將想貼上網點的部分選取起來再貼上的方法。

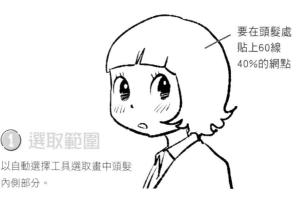

要在頭髮處貼上60線40%的網點

① 選取範圍

以自動選擇工具選取畫中頭髮內側部分。

③ 工具屬性

打開工具屬性。
• 點選「封閉間隙」。
• 將顏色誤差設為0%。
• 將「縮放區域」的勾勾點選掉。

② 輔助工具

在輔助工具中選擇「參照其他圖層選擇」。

④ 選取範圍啟動器

點選頭髮內側部分，被選取的部分就會以虛線框起來，接著會出現下圖所示的選單。這個選單就是「選取範圍啟動器」。點選網點圖示後會開啟「簡易網點設定」。

⑥ 網點圖層

像這樣新增一個40%的**網點圖層**,在頭髮處圖上網點。

⑤ 簡易網點設定

線數是指網點的「**細緻度**」,濃度則是指網點的「**顏色深淺**」。這次設定為60線濃度40%。如果是要印刷出來的作品,大多都會使用60線〜80線。

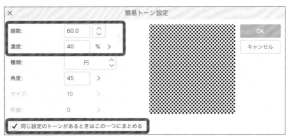

請點選「有相同設定的網點時匯總成一個」。要貼在其他地方時,如果設定相同就不需要再多開一個新的網點圖層,可以塗在同一個網點圖層中就好。

貼上素材面板的網點

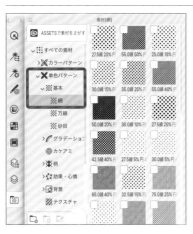

② 素材面板

點選素材面板的圖示>**單色圖樣**>**基本**>**網狀**,就會顯示出登記好的網點。

素材面板則是可以將常用線數、濃度的網點登記下來,直接拖曳就能讀取到工作區域中使用。CLIP STUDIO PAINT中預先登記了許多網點,試著使用看看也會很有趣。

③ 拖曳&放開

拖曳到工作區域中再放開,網點就會貼在選取好的範圍中。

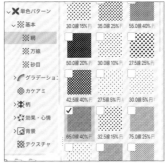

① 選取範圍

用**自動選擇工具**等預先選好想貼上網點的範圍。

擦除網點

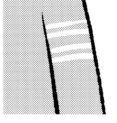

❷ 用筆型工具擦除

首先先選筆形工具（用G筆筆刷就可以），將顏色設定為「透明色」後在袖子上拉出線條。

❸ 填滿色彩

以填滿色彩工具屬性「透明色」，在白色部分以「透明色」填滿。

＊在工具屬性中點選「參照多個圖層」。

要在以濃度20%網點圖層塗好的衣服袖子上加入白色線條。也可以用橡皮擦擦除，但這裡要介紹用筆形工具擦除的方法。

在袖子上加上線條

❶ 色彩面板中的「透明色」

在色彩面板的三個顏色中，下方橫向長方形、有灰色格子圖案的就是「透明色」。只要使用「透明色」，就可以用筆或填滿工具以描繪或塗滿般的方式將網點擦除。

在頭髮等非封閉區域的地方塗上網點

❸ 填滿色彩

用填滿色彩工具塗上網點。

＊在工具屬性中點選「參照多個圖層」。

將右下方畫上的頭髮以20%塗上網點。但如果直接這樣塗的話，因為瀏海部分不是封閉的區域，所以會塗到整張臉上。

❶ 製作網點圖層

製作網點圖層。選單列表＞新圖層＞網點。這樣網點會塗滿整張畫，所以請點選「編輯＞消去」來擦除。

❷ 畫出邊界線

用筆形工具畫出頭髮的邊界線。

將剩下沒貼到網點的部分一口氣選起來塗滿

③ 工具屬性中的設定

在工具屬性中有個「**對象顏色**」的項目。改變「**對象顏色**」的話就能改變上色的方式，但這邊則是選擇預設的「**將薄的半透明作為透明處理**」。

選取「**封閉間隙**」。
「**顏色誤差**」設為0%。
「**縮放區域**」拿掉勾勾。
選取「**多圖層參照**」。

在斜線之間等處會出現沒有塗上網點的地方。與其一一填滿，不如使用「**圍住塗抹**」來一次處理吧！

① 沒塗到的地方

斜線條或毛髮末端等處會出現一些沒塗到的地方。

② 選取「圍住塗抹」

在**工具屬性**中選取「**圍住塗抹**」。

④ 填滿色彩

「**圍住塗抹**」正如其名，可以將圈選起來的「**對象顏色**」全部用選取好的顏色以填充色彩工具上色。非常方便吧！請務必熟記。

接著是
流動線!!

等等
我啊!

好!
那麼這次

這次是?

就是像
這樣,
有可以
簡單
描繪出
線條
的工具…

別再跑了─

效果線!

集中線!

咦咦?

描繪流動線、集中
線的工具,是被當
作作圖形工具而統整
在一起的。請看這
裡!

首先是集中線!

② 選擇集中線工具(在這裡是選取稀疏集中線)
以集中線由中心向外描繪出圓形後將筆移開

③

① 用自動選擇工具(點選參照其他圖層)選
取想要畫上集中線的部分(粉紅色的地
方)

將想描繪流動線的地方選取起來（粉紅色區域），到這裡為止的做法一樣

② ①

選取流動線工具（這裡是選用稀疏流動線）後如上圖所示般點選連結基準線，最後再雙擊畫面

③

流動線的方向則可以在工具屬性中的「角度」決定。

在預覽中可以確認角度和感覺。

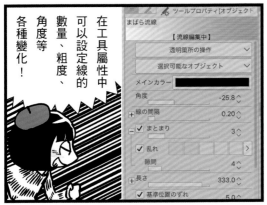

在工具屬性中可以設定線的數量、粗度、角度等各種變化！

想修改集中線或流動線時就用物件工具！

那下次見囉！

就說不要用跑的——

可以移動效果線的位置。

哇！變成我背後的光～

加上效果線

在這裡為大家介紹描繪集中線或流動線（又稱為速度線）等效果線時專用的工具，以及特殊的尺規和對稱尺規等。

流動線工具

2. 一邊以工具屬性上方的預覽圖確認一邊調整線條。為了之後方便修改，先將「描繪位置」設定為「總是建立流動線圖層」。

1. 將想拉出流動線的部分，以自動選擇工具等圈選起來。

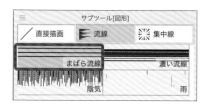

在流動線工具中選擇「稀疏流動線」的輔助工具

4. 畫出流動線後就會發現新增出一個流動線圖層。

3. 設定好之後拖曳選擇基準位置（基準位置可以在輔助工具詳細設定中選擇「起點」「中間點」「終點」）。

※請留意這並不是設定流動線的方向。

集中線工具

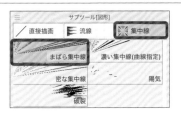

2. 從集中線中選用「稀疏集中線」來試試看吧。

1. 將想拉出集中線的部分,以自動選擇工具等圈選起來。

3. 一邊確認上方的預覽圖一邊調整數值。將「描繪位置」設定為「總是建立集中線圖層」。

5. 畫出集中線後就會自動新增一個集中線圖層。

4. 拖曳選擇基準位置(基準位置可以在輔助工具詳細設定中選擇)。

畫好後的修改

移動畫面中的基準點

可以在**物件工具**中的**工具屬性**裡輸入數值修改,或是移動工作區域中設定好的基準點來修改。

使用特殊尺規拉出效果線

若是利用特殊尺規拉出效果線，就能以自己喜歡的筆刷來描繪，可以自由地表現畫面。

製作流動線、速度線時

3. 拖曳拉出流動線的方向。

　＊在工具屬性的「**角度刻度**」也可以決定角度。

4. 製作出紫色的平行線（**平行線尺規**），在圖層面板最下方會自動新增一個尺規圖層。

　＊先選取「**只在選取編輯物體時顯示**」的話，只有在選擇尺規圖層時這個尺規才會產生影響。

5. 用喜歡的筆刷、鉛筆或毛筆等拉出線條，就能自動沿著尺規做出流動線。

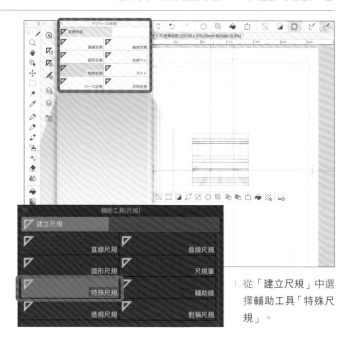

1. 從「**建立尺規**」中選擇輔助工具「**特殊尺規**」。

2. 在工具屬性中選擇「**平行線**」。取消選取「**在編輯圖層上建立**」。

製作集中線時

1. 在「特殊尺規」中選擇「放射線」。取消選取「在編輯圖層上建立」。

2. 點擊集中線的中心就會出現一個紫色的中心點，也會新增一個「放射線尺規圖層」。

3. 可以沿著放射線尺規描繪出集中線。

對稱尺規

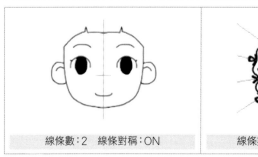

線條數：2　線條對稱：ON　　　　線條數：16　線條對稱：OFF

可以做出對稱（左右對稱的站立人物之類的）或描繪出如萬花筒般的圖。只要畫出一部分就會自動生成對稱的其他部分，是非常方便的功能。

點選線條對稱

點選「線條對稱」的話就會像鏡子反射一樣做出對稱，沒有點選的話則是會旋轉的方式對稱。

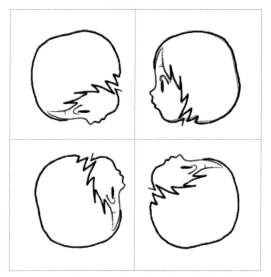

線條對稱OFF

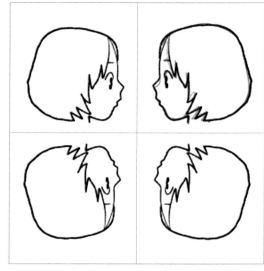

線條對稱ON

一次全部上色、一次全部刪除

填充色彩工具中選擇「詳細輔助工具」>「填滿色彩」>「沿著對稱尺規」

橡皮擦工具中選擇「詳細輔助工具」>「修正」>「沿著尺規」

如上述點選的話，只要將某一處填滿色彩（或刪除），其他對稱的地方也都會全部填滿色彩（或刪除）。如果有設定其他尺規的話就會變得不好刪除，所以用這個功能完後就馬上取消選取吧。

使用特殊尺規要留意之處！

關於製作尺規時，工具屬性中的「在編輯圖層上建立」

・不勾選的話
製作**特殊尺規**時，每次都會新增一個包含**特殊尺規**的圖層。在拉出線條以「**轉換圖層**」將圖層變換為**向量圖層**的話，就會變成包含**特殊尺規**的向量圖層。

・勾選的話
會在圖層面板中所選的圖層上直接製作尺規和參考線。如果先將該圖層設定為**向量圖層**，就能在向量圖層上製作**特殊尺規**。

沒有沿著尺規製作時的解決方法

尺規變成綠色的時候，就代表無效。有效尺規則是紫色的。
以**物件工具**點選後在可以切換**有效和無效**的點點設定為有效。

開啟「沿著特殊尺規製作」的圖示。

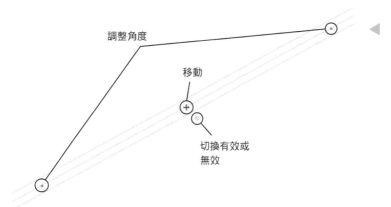

調整角度

移動

切換有效或無效

不想沿著尺規製作時

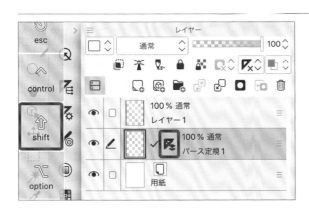

・取消選取「沿著特殊尺規製作」。
・將包含**特殊尺規**的圖層設定為不可見圖層。

一邊按著shift一邊點選圖層面板上的「**尺規**」圖示，就能設定為不可見。

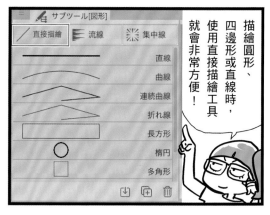

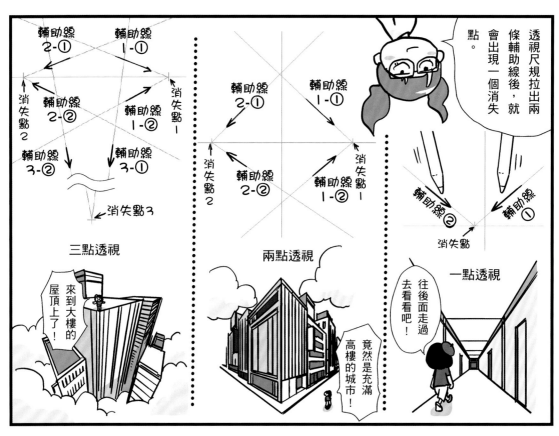

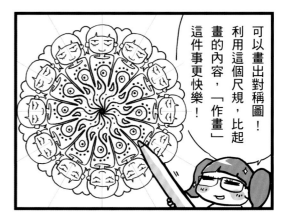

以框線分割的方式描繪地圖

可以描繪出正確圖樣的圖形工具與尺規

這裡介紹可以畫出正確的圓形、長方形、線條等的工具。

 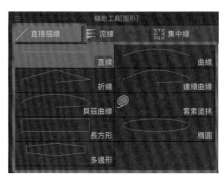

圖形工具

在框線分割圖示上方的就是圖形工具。圖示會因為**輔助工具**中選擇的圖案不同而改變，要多加留意。在**輔助工具**中可以選擇**直線**、**圓形**或**長方形**等。

② 折線、連續曲線

（折線工具中沒有「曲線」）

可以選擇**線條**或**上色範圍**。

• **製作上色範圍**
用色彩面板指定的顏色上色。

• **製作線條**
用色彩面板指定的顏色畫出線條。

• **畫線並上色**
以主要顏色畫出線條，次要顏色上色。

封閉線
點選這個選項的話會將線條的終點和起點連結起來，做成封閉範圍。

① 直線、曲線

在圖形工具中會用決定好的筆刷來畫，在起筆收筆的選項選擇「**無**」的話，就會畫出像簽字筆畫的一般、粗細均一的線條。如果設定為「**有**」的話，就能為剛下筆處和畫到最後的線條處增加線條的強弱感。

③ 長方形、橢圓形、多邊形工具

• **設定長寬**
可以設定長寬尺寸的比例或設定長度等。將比例設定為1:1的話就能畫出正圓形或正方形。

• **從中心開始畫**
點選這個選項的話圖案就會從中心開始畫。如果沒有點選的話，就會從端點（起點）開始畫到對角的另一端（終點）。

• **確定後調整角度**
描繪傾斜的圖形時使用。

• **圓角**
長方形或多邊形工具也可以設定「圓角」。可以以比例或長度設定。

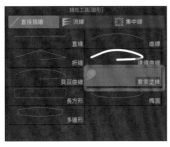

「**套索塗抹**」是指像以其他工具隨意畫出不是正確形狀的圖案時，也會自動將圈起來的範圍填滿色彩，是個非常方便的工具。

尺規工具

② 對齊

❶ 對齊到尺規
（直線、曲線、形狀尺規、尺規筆）

❷ 對齊到特殊尺規
（特殊尺規、參考線、對稱尺規、透視尺規）

❸ 對齊柵格（柵格）

① 選擇尺規工具

尺規工具只是做出尺規，並不會實際畫出線條。使用尺規工具時，要將工作區域上方的**命令列**中的「**對齊到尺規**」圖示開啟。

④ 刻度

可以在**工具屬性**中設定。想要確定尺寸正確度等時候使用。

③ 顯示設定

有設定尺規的圖層上會出現圖標。

・在所有圖層上顯示
在所有圖層中都可以使用尺規。

・在同一資料夾內顯示
只有在同一個資料夾中的圖層可以使用尺規。

・僅是在編輯對象時顯示
只有在有尺規的圖層中可以使用尺規。

・將輔助線連接到尺規
在參考線圖層上有設定尺規的話，只要點選這個選項就可以以移動圖層工具一起移動。

輔助線

① 尺規工具＞輔助線

在工作區域中拉出垂直或水平的輔助線。可以製作出「輔助線圖層」。

③ 畫出輔助線

點選「**顯示＞顯示尺規**」，工作區域畫面上就會出現尺規，這時用筆從**尺規處**往**工作區域**上拖曳的話就能做出輔助線。

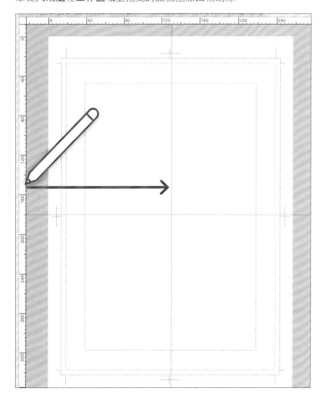

② 對齊

想對齊輔助線時，可以在命令列中點選「**對齊特殊尺規**」。輔助線只要在**物件工具**中輸入數值，就會配置在工作區域供正確的位置，想標示工作區域的中心點等時候就非常方便。

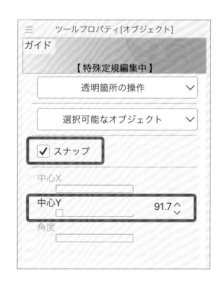

透視的畫法

要呈現出立體物體遠近感的技法稱為「**透視法**」。透視法基本上來說有一點透視、兩點透視和三點透視。描繪透視用的尺規稱為「**透視尺規**」。這個尺規的作法有兩種。

從「製作透視尺規」製作

① 製作尺規

點選「**圖層 > 尺規、框線 > 製作透視尺規**」。再選擇「**製作新圖層**」，就會自動生成一個附上尺規的點陣圖層。描繪建築物等時候用向量圖層會比較輕鬆，所以再另外準備一個新的透視尺規用的向量圖層，所以可以不點選製作新圖層來製作透視尺規。

③ 編輯尺規

要編輯**透視尺規**時請用**物件工具**點選，接著開啟**工具屬性**。

• **對齊**
點選：將尺規設定為有效。
不點選：將尺規設定為無效。

• **固定水平線**
點選：即使移動消失點水平線也不會移動。若移動水平線控制軸的話才會移動。
不點選：移動消失點的話水平線也會移動。

• **網格**
顯示網格。網格可以將三個面獨立顯示。網格的大小可以在「**網格尺寸**」中調整。描繪往遠處延伸規則排列的物體（窗戶或電線桿）時就會很方便。

② 關於透視尺規

用這個方法的話就會在工作區域中央製作**透視尺規**。

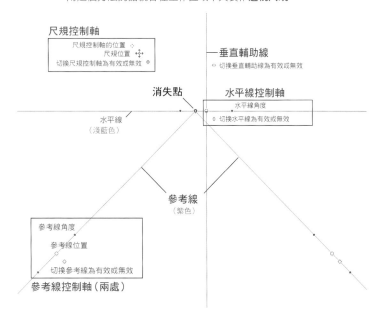

可以在任意位置製作透視尺規。

2. 在工具屬性中點選在編輯圖層上建立

1. 透視尺規

點選
會在所選的圖層上製作**透視尺規**。想在向量圖層上新增透視尺規時使用。

不點選
新增一個點陣圖層並在圖層上製作**透視尺規**。

透視尺規的作法～一點透視法

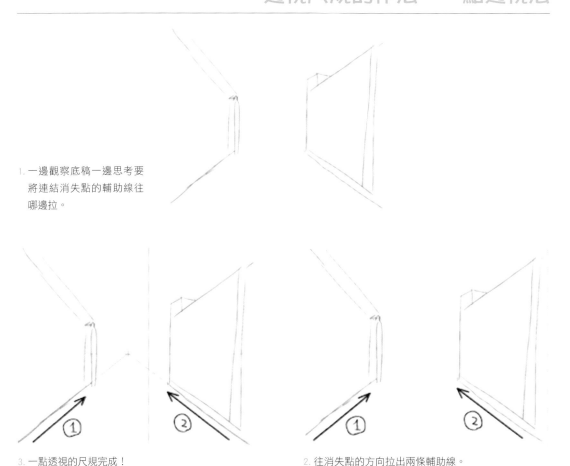

1. 一邊觀察底稿一邊思考要將連結消失點的輔助線往哪邊拉。

3. 一點透視的尺規完成！

2. 往消失點的方向拉出兩條輔助線。

透視尺規的作法～兩點透視法

製作兩點或三點透視時，要勾選工具屬性中的「**變更透視法**」。

2. 為了做出左側消失點，拉出兩條輔助線。

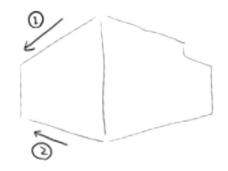

1. 先畫出像兩點透視的草圖。

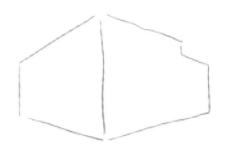

4. 為了做出右側消失點，拉出兩條輔助線。

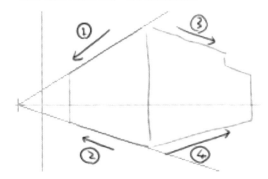

3. 第一個透視尺規。

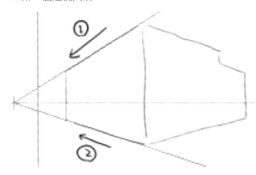

5. 兩點透視的尺規完成。

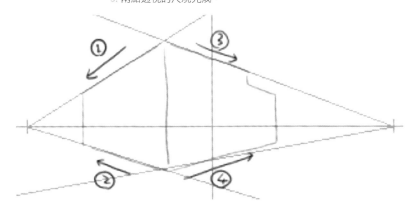

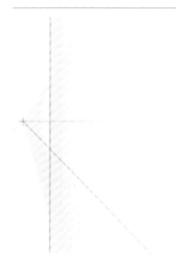

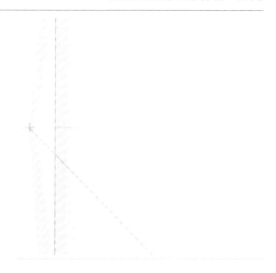

以「**製作尺規 ＞ 透視尺規**」製作時，網格不知道為什麼
會變成長方形，所以想以正確的網格描繪的話，還是推
薦使用「**製作透視尺規**」的作法來製作會比較好。

建立透視尺規	正方形（以正方形網格顯示）
製作尺規 ＞ 透視尺規	不知道為什麼會變成長方形

透視尺規中的輔助線有很多條，所以有時候可能明明想畫某個方向，
但畫出來卻不一樣。如果往錯誤的方向描繪的話，先不要將筆移開，
記得拉回原本的位置，往正確的方向重畫。

＼ 再往正確的方向重畫 ／　　　＼ 回到原本的位置 ／　　　＼ 如果不小心畫往 ／
　　　　　　　　　　　　　　　　　　　　　　　　　　　　　錯誤的方向了

如果這樣沒辦法重畫的話，請確認是否有勾選「**環境設定 ＞ 尺規、單位**」中的
「**在透視尺規對齊中返回開始描繪的點後，重新確定方向**」。

將圖形工具或形狀尺規沿著透視尺規描繪

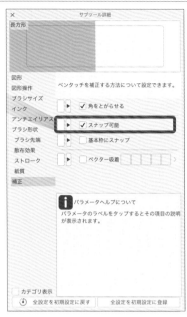

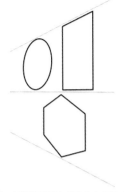

② 沒辦法沿著透視描繪時

在**工具屬性**詳細選單中，確認是否有點選「**修正**」＞「**對齊**」。

＊特殊尺規（放射線或同心圓等）不能沿著透視尺規變形。

① 讓形狀沿著尺規變形

拉出圓形或長方形，接著決定要沿著哪個尺規並拖曳過去。如果沒辦法沿著所想的那面變形時，就點選一下然後不要將筆移開，往其他方向拖曳看看。

③ 對齊透視尺規描繪形狀

想要對齊透視尺規描繪形狀需要一些訣竅。只單單拖曳的話不能決定方向，要將游標位置變換後改變要對齊的平面。再次點擊後就能決定方向。

對齊XY平面

對齊YZ平面

對齊XZ平面

以畫好的5x5正圓形為例

製作尺規＞透視尺規

圖層＞尺規、分格邊框＞建立透視尺規

用筆點擊一下
畫面就會
出現游標，
來輸入文字吧！

那麼，這次輪到
文字了。

文字什麼的
大概弄一下
就好了吧——

嗯……
「我現在」……

啊！不對啊！
現在是橫排！

我現在

對於說出
這種話的傢伙，
隨便手寫一下
就好了吧！

文字

字體	Iwata Antic Std B
尺寸	10.0
樣式	B組體　I斜體
對齊	
字元方向	橫排　直排
文字顏色	
變形方法	放大、縮小、旋轉
✓固定長寬比	

直排、橫排
或是文字大小、
字型等，
就在工具屬性
中設定。

糟糕，
寫得太隨便了
反而不知道
她在講什麼…

藍色框的四個角落
上，有藍色的點點
或是　，，利用
這些點點，就能將
文字放大、縮小、
旋轉或是變形。

我現在
在練習
CLIP STUDIO!!

好啦知道啦！
來講一下
關於文字啦！

首先，
先選擇
文字工具。

A

我現在在練習 CLIP STUDIO!!

妳說什麼？
這時應該不是「三」？
而是「!!」？
應該要橫向並排？
不要老說一些麻煩的事情啦～

如果將半形數字和半形英文字母都在「自動直排內橫排」指定文字數的話，

最高氣溫是36度!?

最高氣溫是36度!?

You幹得好Yo!

反過來說，如果想讓文字變成直排時就用全形輸入。

You幹得好Yo!

點擊工具屬性右下角的圖示，就能開啟輔助工具詳細視窗，看一下「文字設定」那邊，有個「自動直排內橫排」對不對？

進行直排、橫排等文字整體的設定。
字體
行距、對齊
文字
字距設定
編輯設定
設定變形
字元方向　横排　　直排
消除鋸齒　　畫布設定
自動直排內橫排　　無
✓ 將標點符號字寬設為半形
縱書き

咦？這次是想加上對白框嗎？要求還真多呢──
那就使用「對白框工具」吧。

我現在在練習 CLIP STUDIO!!

啊──又覺得麻煩的表情了！

只要在自動直排內橫排指定文字數，就會自動將符合的半形文字橫向並排囉！

工具屬性OK是冰山一角！真面目都藏在輔助工具的詳細的選單裡！

用對白框將對話框起來的話，便可以在和文字相同的圖層上畫出對白框。這次就用對白框筆來畫。

對白色線
漸層白
集中線對白色
邊框對白色
圓線對白色
對白框白邊
對白框白邊溢出

我現在在練習 CLIP STUDIO!!

在自動直排內橫排選擇「2字元」，就會將兩個半形文字變成直的的！變成「!!」了。
如果是全形文字的話就會變成直排的「!!」。

我現在在練習 CLIP STUDIO!!

怎麼了？臉也被對白框蓋住了？
這時候就換蒙版出場了！

我現在在練習 CLIP STUDIO!!

文字與對白框

要輸入文字時就選擇「**文字工具**」。讓我們來看看**文字工具**的**工具屬性**吧。

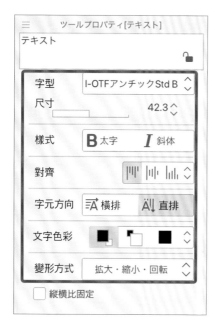

・字型
選擇想要的字型。

・尺寸
文字的大小（單位是pt或Q）。

・樣式
修飾文字的樣子。可以選擇多個。
橫排的時候還有底線和刪除線可供選擇。

・對齊
決定文字換行時要如何對齊。

・行距
設定行間的距離。

・字元方向
設定直排或橫排。

・變形方式
從1.9.1版本開始，文字可以旋轉或是任意變形。

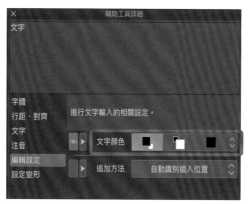

文字顏色會是**色彩面板**中主要色彩的顏色。
顏色設定可以在**輔助工具**的詳細選單裡點選「**編輯設定**」>「**文字顏色**」，在其中選擇「**主要顏色**」「**次要顏色**」「**自訂顏色**」。如果選擇自訂顏色的話，不管顏色面板中是什麼顏色，打出來的文字都會是自己指定的顏色。

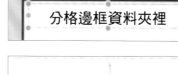

將文字輸入在「**分格邊框資料夾**」裡時，就會在分格邊框資料夾裡新增一個文字圖層；

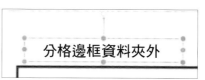

將文字輸入在「**分格邊框資料夾**」外時，就會在分格邊框資料夾外新增一個文字圖層。

將直排的文字轉為橫向並排（自動直排內橫排）

設定字數後如果有超過字數的半形文字並排，「**自動直排內橫排**」也不會發揮功能。

利用「**文字工具的工具屬性＞輔助工具詳細選單**」中的「**自動直排內橫排**」，就能設定直排中幾個半形文字可以變成橫排。有「**無**」～「**4字元**」可以選擇。

想像下面範例直排文字中的「**20**」或「**!?**」，將部分文字變成橫向並排時就要使用「**自動直排內橫排**」的功能。

200万円

超過兩個半形文字就會變成這樣

20万円

最多兩個半形文字橫排

值段は20万円!?

半角の場合 ABC123

全角の場合 ＡＢＣ１２３

在「**自動直排內橫排**」中設定後，超過指定文字數的半形文字就會以直排的方式橫向排列。如果想讓英文字母或數字直向排列的話就以全形輸入。

連續出現半形文字時

20pt

20 pt

テキストサイズは20pt

只要將0後面的文字間隔縮小，空白的地方也會跟著變小。可以在**輔助工具＞字形＞自間距中調整**。

在20和pt間輸入一個半形的空白，就會分開變成20和pt橫排了。不過20和pt間的空白太明顯了。

想如圖中這樣讓20和pt都在直排中橫排的話該怎麼做呢？如果在**自動直排內橫排**設定為「**2字元**」並連續輸入「**20pt**」，就會變成直書中橫向排列。在20和pt之間換行的話，「**pt**」就會跑到下一行去了。在**自動直排內橫排**設定為「**4字元**」的話又會變成四個字連續橫排。

特殊字元（沒有登錄在字形中的特殊文字）

在工具屬性中打開「文字一覽表」的「特殊字元」（沒有的話請在輔助工具詳細選單中打開「文字一覽表」），選擇「～」或「－」就能打出來。

想像圖中這樣輸入拉長音般「～」「－」的作法。

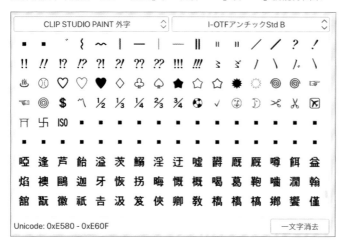

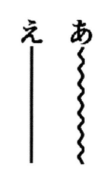

標上注音（字母）

在文字工具的輔助工具詳細選單中有個「注音」選項。點選「注音設定」>「注音字串」，在這裡輸入想要的文字。點擊視窗外側也可以輸入。在「注音尺寸」、「注音位置」、「注音字間距」等可以調整注音和原本文字的各項設定。

對白框

CLIP STUDIO中為了能做出對白框而有「**對白框工具**」。只要像要把文字包起來一樣在周圍拉出對白框工具，就能在和文字相同的圖層上做出對白框。

對白框的作法

用對白框工具將文字框起來就會變成「**對白框圖層**」。在圖層面板上的會出現對白框圖示。因為文字和對白框都在同一個圖層上，所以要移動也很簡單。

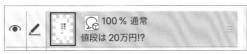

用文字工具在工作區域上輸入文字，就會自動做成一個**文字圖層**。

對白框工具的種類

・曲線對白框

曲線也有多種可以選擇。也有直線對白框。或許直線才是最常用的也説不定。

・橢圓形對白框

雖然命名為「橢圓形」，但點選「形狀」就能選擇長方形、多邊形等。線條顏色和對白框顏色則是分別預設為顏色面板中的主要顏色和次要顏色，所以可以依當時顏色面板所選顏色來改變對線條或對白框的顏色。但在「自訂色彩」中也可以選擇顏色且不受顏色面板影響。

如果畫到旁邊的格子裡，就無法做成漂亮的封閉範圍，請多加留意。

徒手描繪對白框。想在框線角落處畫對白框時，像圖中紅色線條部分一樣，畫得稍微超出框線一些，就會自動變成漂亮的封閉範圍。

將對白框整合為一

在同一個圖層上將對白框重疊，就會整合成一個對白框。

對白框的小尾巴

在對白框上加上小尾巴。做法是從對白框中央往外拖曳。可以選擇小尾巴彎曲的樣式，而寬度則是連結對白框處的寬度。如果選擇圓形小尾巴，就會呈現「思考中」那樣由連續圓形構成的樣子。

刪除對白框局部（使用蒙版）

④ 選取範圍與多圖層參照

在**自動選擇工具**中點選「**參考其他圖層選取**」，將右下方的畫中藍色部分選取起來。這時在**任意選取工具**的工具屬性中，確認「**文字圖層**」有加入「**不參考的圖層**」。

如果找不到「**不參考的圖層**」，點選「**參考其他圖層選取**」左邊的「+」就會出現。

⑤ 製作蒙版

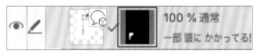

選取文字圖層，並進行「**圖層＞圖層蒙版＞將選取範圍以外製作蒙版**」，或是點選「**製作圖層蒙版**」的圖示。

製作圖層蒙版

① 對白框無法擦除

對白框圖層和「**分格邊框資料夾**」一樣，沒有辦法使用橡皮擦工具。想刪除對白框的局部時就必須使用圖層蒙版。將對白框圖層與頭部重疊的地方以蒙版來遮住看看吧。

② 想要遮起來的地方

想將對白框圖層中，對白框和頭部重疊的部分（粉紅色處）遮起來，但要選取的話好像很麻煩。

③ 反過來說，只要顯示藍色的部分

這時，將對白框圖層中，對白框和頭部沒有重疊的部分和周圍（藍色部分）以外遮起來也沒什麼不同。這樣的話就會比較好選取。

接下來是關於上色！

是充滿色彩的季節呢！

在圖層的屬性中將顯示顏色設定為彩色就可以了。

原來如此！

效果
顯示原色　彩色

就這樣。

掰掰！

咦？等一下！

像是這個背景之類的上色方式之類的不說明嗎？

啊！對喔對喔！這個就是漸層～

喔！是漸層吶！

漸層工具的圖示就是這種感覺

漸層是讓顏色與顏色之間漸變的工具

輔助工具[漸層]
漸層　　等高線填充
從描繪色到透明色
從描繪色到背景色
條紋
背景色條紋
光球
藍天
白天的天空
描繪顏色
背景顏色

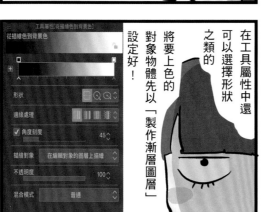

在工具屬性中還可以選擇形狀之類的

將要上色的對象物體先以「製作漸層圖層」設定好！

工具屬性[從描繪色到背景色]
從描繪色到背景色
形狀
邊緣處理
✓角度刻度　45
描繪對象　在編輯對象的圖層上描繪
不透明度　100
混合模式　普通

將筆往想呈現漸層的方向拖曳後再放開。

沒錯，這就是漸層！

在漸層圖層中以圖層顏色上色的話，就會像這樣。

レイヤープロパティ
効果
トーン　　レイヤーカラー
レイヤーカラー
サブカラー
マスクの表現

像這樣拉出等高線般的線條。

有個和漸層很像，但名稱是「等高線填充」的功能！

用「等高線填充」一口氣做出漸層！

在兩個顏色之間點擊一下就會自動將顏色補完

哇！這個好方便!!

濾色　色彩增值　正常

即使是同樣圖層，因合併的混合模式不同，看起來也完全不一樣

同樣顏色也會因混合模式不同而變成陰影或是亮光

欸～

真的耶！

?

嗚哇！也太多了吧！

此外，因為是彩色的圖，如果不先認識一下合併圖層的混合模式也不行。

合併圖層的混合模式就是指上方圖層和下方圖層要以什麼方式合併

彩色繪圖

將線稿和上色的圖層分開,並將上色的圖層放在線稿塗層下方。反過來的話如果塗到超出邊界就會被看到。

關於抗鋸齒

在做了抗鋸齒處理的部分
出現空隙沒有填滿顏色的範例

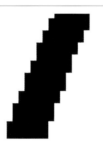

沒有抗鋸齒
處理的狀態

做了抗鋸齒
處理的狀態

為了讓線條的鋸齒不那麼明顯,在上色階段時要做的處理就是「**抗鋸齒**」。描繪彩色作品時畫線或上色會需要抗鋸齒。如果在做了抗鋸齒處理的狀態下使用填滿色彩工具的話,有可能會出現沒有塗到顏色的空隙。

指定顏色

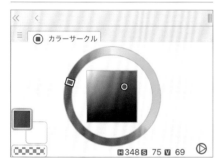

可以雙擊工具列最下方的色彩面板來設定,但如果開啟「**視窗>色環**」的話,任何時候都能自己選擇喜歡的顏色。

要填滿上色的時候

在填滿色彩工具的工具屬性中將**色彩誤差**設為10,縮放範圍設定為0.1mm以上。

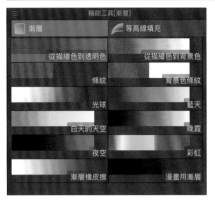

① 漸層工具

利用自動選取工具,將想要製作漸層的部分圈選起來。

在漸層工具的輔助工具中選擇想要的漸層種類。

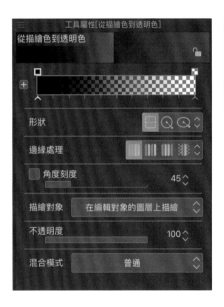

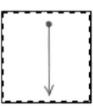

② 調整

在工具屬性中確認設定後,在選取範圍中將筆往想要加上漸層的方向拖曳。

③ 建立圖層

塗上漸層色後,會自動在圖層面板中新增一個漸層圖層。

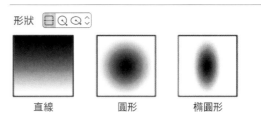

工具屬性的解說

形狀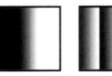

直線　　　　　圓形　　　　　橢圓形

漸層呈現

不重複　　　　重複　　　　　折返　　　　不描繪

畫好後再編輯

使用**物件工具**。在工作區域上點選漸層到工具屬性修改，或是直接在工作區域上編輯。

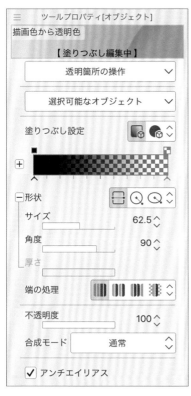

ツールプロパティ[オブジェクト]

描画色から透明色

【塗りつぶし編集中】

透明箇所の操作 ∨

選択可能なオブジェクト ∨

塗りつぶし設定

形状
サイズ　　　　　　　　　62.5
角度　　　　　　　　　　90
厚さ
端の処理
不透明度　　　　　　　　100
合成モード　　　　通常

✓ アンチエイリアス

工作屬性中可以將漸層進行細節調整。顏色則可以在**色彩面板**中變更。

工具屬性[從描繪色到透明色]

從描繪色到透明色

形狀
邊緣處理
角度刻度　　　　　　　45
描繪對象　　　建立漸層圖層
不透明度　　　　　　　100
混合模式　　　　普通

描繪對象
為了讓之後還能編輯，就選擇「建立漸層圖層」。

等高線填充

像用於表現高度不同的等高線，畫出不同顏色的線條後，可以用這個工具在線與線之間做出細緻的漸層變化。在**填充色彩工具**的**輔助工具**中可以找到。

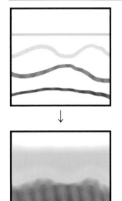

等高線填充的範例

3. 有需要的話就再加上線條。

2. 利用等高線填充在兩條線之間做出漸層。

1. 將想改變顏色的部分以等高線般拉出線條。

6. 依照線拉出的方法，漸層也能呈現出許多不同的樣子。

5. 一邊思考從哪裡到哪裡要用同一個顏色、大概哪個範圍要做出漸層，一邊拉出相應的線條吧。

4. 再以等高線填充。如果沒有能做等高線填充的線條的話就會以單色上色。

混色

混色工具並不是用這個工具上色，而是為已經上色的部分增加效果。

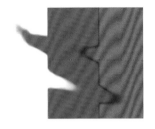

手指工具
做出如用手指在工作區域上刮擦的效果。

混色工具
讓顏色混在一起的效果。

仿製工具
同時按著option鍵並點選想複製的地方。可以在另一處複製畫出與原本圖畫一樣的內容。

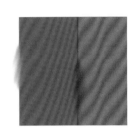

暈染工具
將顏色與顏色之間的邊界暈染開來。

圖層混合模式

決定上方圖層和下方圖層以什麼方式合併。正常模式的話就是在上方疊上透明的圖層，但如果改變混合模式的話，就可以做出混和顏色、呈現如打上聚光燈的效果等，或是做出改變色調等各種不同效果。

被稱為「繪師」的創作者們，幾乎都會使用許多圖層並以各種不同的混合模式合併，創作出許多自己獨特的風格。圖層的混合模式也可說是數位繪圖中最重要的關鍵。

正常	只是一般地重疊圖層
變暗 色彩增值 加深顏色 線性加深	將上方圖層的顏色與下方圖層的顏色重疊後，整體感覺會大致變深且變暗。 **代表性的混合模式**　**色彩增值**：加上下方圖層的顏色混合（變暗）。常用於加上陰影等。此外，白色部分會直接露出下方圖層的顏色，所以在合併以黑白色調描繪的線稿等也常會使用。
變亮 濾色 加亮顏色 線性加亮（增加） 顏色變亮 顏色變亮（增加）	和上面的模式效果相反。大致上整體會變亮且變淺。 **代表性的混合模式**　**濾色**：和色彩增值相反，顏色會變淺且變亮。很適合用來呈現柔和光線散發出微微亮光的感覺。 **顏色變亮（增加）**：會用在製作重點光線。
覆蓋 柔光 實光 強烈光源 線性光源 小光源 實線疊印混合	整體上深色會變深且變暗，淺色部分則會變淺變亮。 **代表性的混合模式**　**覆蓋**：明亮的部分會有「濾色」般的效果，較暗的地方會呈現「色彩增值」般的效果。想將畫面整體色調作變化時就可以使用。
顏色	有些畫法會先畫出灰階色調再上色（又稱為厚塗法），就會常用這個混合模式。與下方圖層顏色重疊的話不會像「色彩增值」那樣變暗。

色彩校正圖層的效果範圍

對自己下方的圖層有效。

將色彩校正圖層放進資料夾裡的話，僅對資料夾中位於**色彩校正圖層下方**的圖層有效。

將資料夾的圖層合併模式設為「**穿過**」的話，對資料夾以外的圖層也會有影響。

色彩校正圖層

圖層>新色調補償圖層

亮度、對比／色相、彩度、明度	調整顏色。
色調分離	將顏色轉換為色階。（數字較小的顏色會刪減色數）
負片效果	完全反轉。黑白互換。顏色皆轉為互補色。
色調補正／曲線／色彩平衡	調整顏色。
黑白	做成黑白兩個色調。
漸層對應	將整體作品加上設定好的漸層色調。

將特定顏色一次全部換成別的顏色

在這裡介紹利用填滿色彩工具的兩種作法。對如動畫般平塗上色的色彩能產生效果，但若是有滲透感或是加上抗鋸齒的話就會無效。

在工具屬性中將「只填滿連續的像素」點選掉

就能將工作區域上相同的顏色一次全部變更。

點擊拖曳後直接上色

點擊想變更的顏色後改變顏色，接著不要將筆離開平板，直接拖曳，游標經過工作區域上相同顏色的部分時就會自動改變顏色。

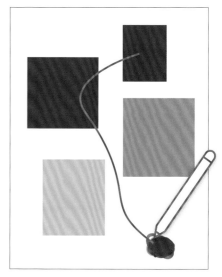

106

讓筆刷工具不會塗到超出邊界的四個方法

方法
1

用自動選取工具將想用筆刷上色的範圍圈選起來,再用筆刷上色。

方法
2

將透明像素的部分鎖定。

在同一個圖層上上色時有效。
點擊塗層面板上的圖示即可。

要在綠色的圓上以紅色筆刷加上花樣。

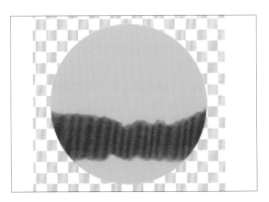

點選了「鎖定透明像素」。

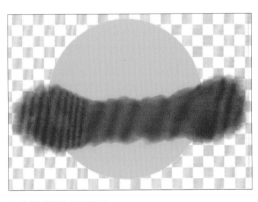

未點選「鎖定透明像素」。

利用剪裁蒙版

將上方圖層與下方圖層建立剪裁蒙版。在別的圖層中上色也有效。

利用「參照其他圖層」防止塗到超出邊界

用筆刷或是筆上色時，使用「參照其他圖層」的功能就能避免上色時塗到超出線外。

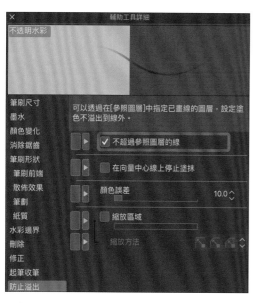

1. 將線稿圖層設定為參考圖層（參考圖層的圖示是個類似燈塔的圖）。

2. 在毛筆或沾水筆的輔助工具詳細選單中點選「防止溢出」>「不超過參照圖層的線」。

使用筆刷上色時因為設定為不要超出參考圖層的邊線，所以不會塗到超出範圍。

而橡皮擦工具也可以設定「防止溢出」，可以擦除超出邊線的部分。

用筆刷上色時請務必選擇上色專用的圖層描繪。

如果畫在線稿圖層（參考圖層）上，就不能使用這些功能了。

濾鏡

利用「**濾鏡**」，可以在畫好的圖畫上再做一些處理。但在向量圖層上不能使用這個功能。而且也只能運用在單一圖層上。如果選取多個圖層或是圖層資料夾，那麼也會無法使用這個功能。將想加上濾鏡的部分選取起來，從「濾鏡」選單中選取。

可以使用濾鏡的圖層

點陣圖層	灰階、彩色	全部皆可使用
	黑白	變形、線稿修正

圖層蒙版也可以用濾鏡來處理。

圖層屬性 > 蒙版	> 有色階	全部皆可使用
	> 無色階	變形、線稿修正

原畫

以濾鏡後製後的範例

模糊：高斯模糊

模糊：放射狀模糊

模糊：動態模糊

變形：馬賽克效果

變形：移置效果

變形：鋸齒效果

變形：魚眼效果

變形：極座標變換

變形：波浪效果

變形：波形效果

變形：漣漪效果

這次來說明畫多頁數作品的相關內容吧！

畫兩頁以上的作品時的作品啊！

熱門作品都是長篇的嘛！

接著會出現這樣的視窗，這就是「頁數管理視窗」！

如果是四億頁的話，頁數管理的視窗會變得很壯觀吧！

✓ 多頁

頁數： 2

將對頁設為跨頁

裝訂位置： ○ 左側裝訂 ● 右側裝訂

開始頁： ● 左起 ○ 右起

在新建檔案時點選「多頁」！

兩頁什麼的！這麼小氣好嗎？不要做個四億頁吧！

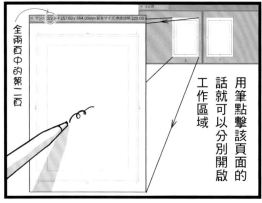

全兩頁中的第二頁

工作區域

用筆點擊該頁面的話就可以分別開啟

選取中的頁面

至上一頁
至下一頁

至指定頁
追加頁
追加頁（詳細）...
讀取頁...

置換頁...
複製頁
刪除頁

後面可以再

將第一頁放到第三頁後面

頁面管理　動畫　圖層　選擇範圍
打開頁
在新索引標籤中打開頁
至首頁
至上一頁
至末頁
至指定頁...

想移動其他頁面時，就從選單的「頁面管理」進行！

替換頁面時可以在頁面管理視窗操作。

頁面管理也有許多不同的選單呢～

頁面管理

CLIP STUDIO PAINT EX有許多功能可以管理超過兩頁的多頁漫畫。

＊PRO或DEBUT版中則無。

1. 打開新增工作區域的視窗，下方有個「**多頁**」的選項。勾選這個選項就可以輸入頁數。

左側裝訂：閱讀方向由左向右。常用於教科書或英文等橫排書籍。

右側裝訂：閱讀方向由右向左。漫畫通常都是右側裝訂。還有小說等直排書。

起始頁面：**右側裝訂的話**：**左起**：跳過一頁，從下一頁開始

　　　　　　　　　　　右起：從翻開的那頁開始

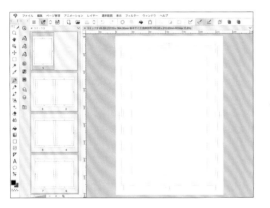

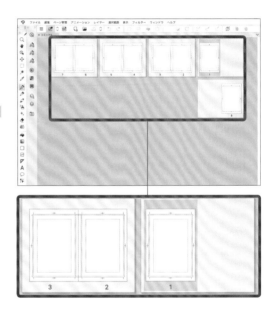

2. 打開頁面縮圖的視窗（**頁面管理視窗**）。每一張縮圖下方標上的數字就是頁碼。

變換工作區域中顯示的頁面

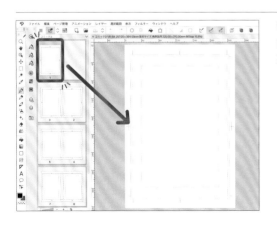

點擊頁面的縮圖就能將該頁面在工作區域中開啟。沒有打開縮圖視窗的話，也可以在「**頁面管理**」>「**下一頁**」中開啟其他頁面。

頁面管理選單

在選單中的「**頁面管理**」中，可以進行跟頁面相關的設定。

增加頁面	在所選的頁面後再新增新的一頁。
增加頁面（詳細）	在新增時會出現詳細設定視窗，可以進行各項設定。也可以一次加入多頁。
讀取頁面	在選取頁面的下一頁中，讀取CLIP STUDIO的頁面檔案（檔案格式為.clip的檔案）。同時按著shift按鍵並點選頁面的話，可以一次讀取多頁。
取代頁面	將所選的頁面以其他CLIP STUDIO的頁面檔案取代。
複製頁面	複製選取的頁面。
刪除頁面	刪除選取的頁面。
改變頁面順序的方法	可以在頁面管理視窗上拖曳頁面。

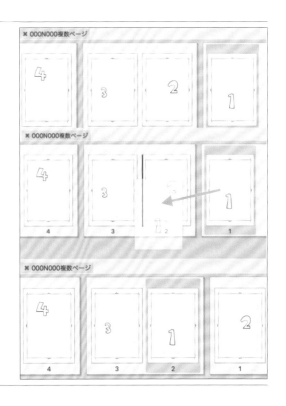

讓工作區域以跨頁的方式呈現。

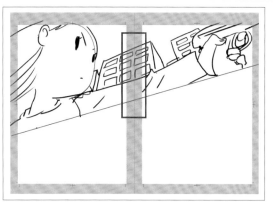

1. 勾選「**將對頁設為跨頁**」後，就會讓相對的頁面
   以跨頁方式呈現。

2. 上圖中粉紅色部分是原稿用紙外側的留白部分，所以即使
   畫到這裡也不會被印刷出來。

4. 這個時候，要在「**顯示＞十字規矩線、基準框的設定**」中
   點選「**與十字規矩線一致**」並將**間隔設定為0**。左右兩張
   頁面中間的留白處就會消失，如此便能描繪跨頁的內容。

*缺字

3. 如果沒有留意留白的部分描繪，就會變成如上圖
   這樣左右無法連接在一起的圖。

5. 在開啟新檔的時候就先將十字規矩線合併
   吧。在開新檔案的「**設定漫畫原稿**」選項中
   有個「**與十字規矩線一致**」，如果一開始就
   決定要畫有跨頁的作品的話，事先勾選設定
   會比較好。

在跨頁上新增框線檔案夾

這裡有要在左右兩頁中的哪一頁新增框線檔案夾的選項。如果**左右兩頁都**勾選的話，就會把一個框線檔案夾分為兩頁。

將單頁轉換為跨頁

在「頁面管理＞轉換為跨頁」中也能將十字規矩線合併。

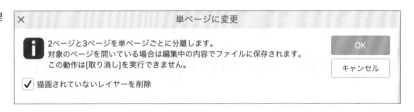

將跨頁轉換為單頁

可以選取跨頁後在「頁面管理＞轉換為單頁」中勾選。

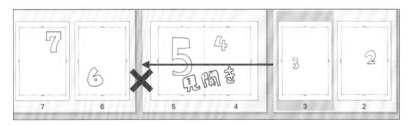

移動跨頁頁面時要注意的地方

沒有辦法將跨頁頁面前後的單一頁面跨過跨頁移動。像上圖中這樣，要只將第三頁移到第五頁後面，或是只將第六頁移到第四頁前面，都是不行的。這是因為只將單頁跨過跨頁的頁面移動，會破壞已經建立的頁面架構。

變更畫布尺寸

可以之後再變更編輯中的工作區域尺寸。我認為如果是刊登在網頁上的話，就不需要像印製成紙本那樣受到開本大小的局限，能夠自由地呈現出漫畫的各種樣貌。過去，有許多被稱為漫畫大師的人不停地探討嶄新的漫畫框線呈現方式。最近幾年為了因應在智慧型手機上閱讀，而開始出現縱長形的漫畫。不同於紙本，開始出現沒有框架限制的媒介後，作家們也開始出現新的表現方式。縱向閱讀的漫畫網站comico的範本，長度甚至最大可以設定到兩萬像素呢！

變更的方式

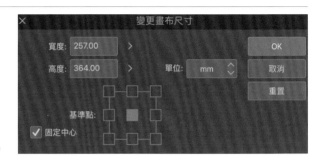

在「**編輯 > 變更畫布尺寸**」中選擇尺寸。

用手拖曳變更

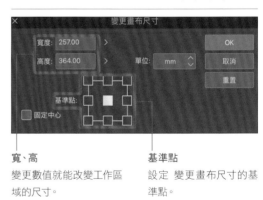

拖曳參考線或是橫桿處也可以改變位置或尺寸。

改變數值

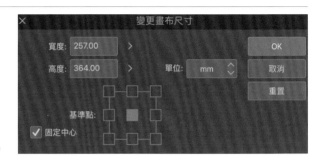

寬、高
變更數值就能改變工作區域的尺寸。

基準點
設定 變更畫布尺寸的基準點。

製作長條狀的漫畫

利用「變更畫布尺寸」，將P58的漫畫轉換為長條狀的漫畫看看。

本書中刊載的漫畫「CLIP STUDIO PAINT EX ＋ iPad Pro for Beginners」縱長版，有在玄光社的「PICTURES」上連載。

漸層對應

漸層對應是在彩圖中以漸層將顏色色階化的色彩校正圖層。
也可以根據所選的圖層顏色深淺，將黑白的圖畫以漸層色彩轉換為彩圖。
要將彩圖轉換成復古色調等時候也很方便。

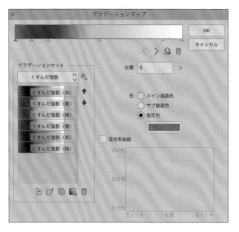

點選「編輯＞色調補償＞漸層對應」。必須在彩色
的點陣圖層中才有效。

4章

CLIP STUDIO PAINT
的便利功能

在這裡要跟大家介紹自訂等使用起來更加方便的功能。

將一直使用的Command或是範例登錄下來，

就可以不用重複操作了；

或是製作自己原創的筆刷等等。

等熟悉CLIP STUDIO的操作後，就試著活用看看吧！

CLIP STUDIO可以讀取手繪圖稿並進行加工。即使沒有掃描器等也沒關係，如果是用iPad就拍照後讀取即可。

② 製作圖片圖層

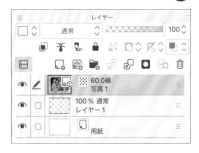

讀取進CLIP STUDIO的圖片會變成「圖片素材圖層」。

① 拍攝照片

利用「檔案＞讀取＞相機」拍攝想要讀取的圖片。

③ 解除網點效果

頁面的基本顏色設定為**黑白**的話可能會增加網點效果，所以先解除。

④ 選取出轉為黑白的線稿

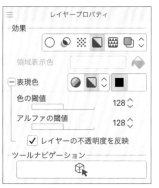

在圖層屬性中選擇效果中的「減色」。調整表現色的色域。

選擇黑白時，在「**表現色**」右邊的黑色和白色方形圖示內，點選黑色的話就會只選取黑色部分，白色部分會變成透明的（點選白色的話就完全相反）。要選取出線稿時只選擇黑色就可以了。

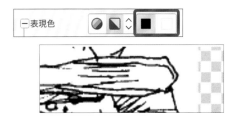

去除雜點

去除讀取進來的圖片上的雜點。為了能清楚看到哪邊有雜點，可以在圖層效果中選擇「**邊界效果**」。邊界線的邊緣會突出，雜點就會變得更明顯。

加上邊緣找出雜點

將邊緣的粗度設定明顯一點。約是**0.7～1**。邊緣顏色也可以換成**紅色**等顯眼的顏色。

 ◀

用圖層蒙版隱藏雜點

讀取進CLIP STUDIO的圖片是「**圖片素材圖層**」。圖像素材圖層有即使放大縮小圖片也不會有影響等優點，但另一方面是不能用橡皮擦等工具修改。想去除雜點的話，就要在讀取進來的圖層上增加一個圖層蒙版。
在圖層蒙版上使用橡皮擦工具的話，就能將雜點等**隱藏**起來。如果是用「**圖層蒙版**」的話，圖片素材圖層可以維持原樣，之後要修改也沒問題。

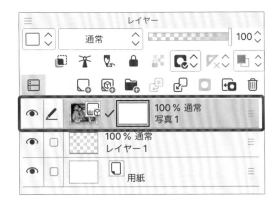 ◀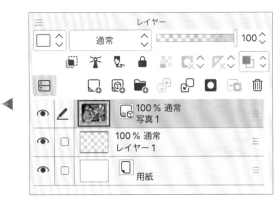

更簡單的修正或加筆方法

將圖片點陣化

不是在「**圖層＞點陣圖層化**」中變更，為了之後有需要時還能復原，請在「**圖層＞圖層轉換**」中點選「**保留原圖層**」。轉換圖層後再將原始圖層設定不可見即可。

清除完化面上的雜點後，在圖層屬性中點選掉「**邊界效果**」將被設定為紅色的邊緣復原。

去除雜點工具（僅限於向量圖層）

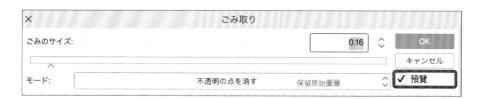

去除雜點工具（僅限於向量圖層）在「**濾鏡＞修正線稿＞畚斗**」中點選預覽，就可以在正式消除的時候知道「應該要刪除哪裡」。設定雜點尺寸的話，小於設定尺寸的雜點就會一次刪除。不過，自己畫好的小點點明明不是雜點，仍有可能會判斷為雜點而被刪除。畫出細小的點點等也有可能會有部分被自動消除。這種時候就先設定好選取範圍吧。

將讀取進CLIP STUDIO的圖片直接當成原稿來畫

利用亮度、對比來調整紙張顏色深度、髒汙、透寫等的方法

「亮度、對比」等色彩校正圖層會直接對下方所有的圖層產生影響。如果放進資料夾裡的話就只會對資料夾中的圖層有影響，所以就將讀取進來的圖層和「亮度、對比」放進同一個資料夾吧。

活用灰色線條上色的方法

將圖層的混合模式設定為「色彩增值」。在圖層屬性設定為「減色效果」且將呈現色彩設定為「灰色」，將顏色只設定為黑色，這樣就會配合灰色的深淺來改變透明度。白色則會變成完全透明。

活用3D速寫人體模型

CLIP STUDIO也準備了速寫用的人體模型，可以放在工作區域中參考動作或是角度等。除了姿勢之外，體型等也都可以調整。

將人體模型放到工作區域中

從**素材面板**的**3D選項＞體型**中將速寫用人體模型拖曳出來。
上方出現的工具列是**移動控制面板**。下方則是**物件啟動器**。

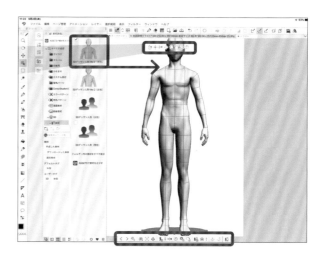

移動控制面板

改變視角

❶ 旋轉
❷ 平行移動
❸ 前後移動

操作物件

❹ 移動
❺ 以X軸為軸心縱向旋轉
❻ 以Z軸為軸心橫向旋轉
❼ 以Y軸為軸心旋轉
❽ 以基準位置為定位對齊移動

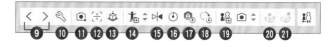

物件啟動器

❾ 選擇物件（3D圖層上有多個物件時）

❿ 顯示物件列表

⓫ 從預設值設定視角角度

⓬ 集中於編輯對象（將選取的物件放在3D空間的中央）

⓭ 接地：讓物件和3D空間的底部（地面）連結

⓮ 登記姿勢素材

⓯ 使模型左右反轉

⓰ 使模型返回初始姿勢

⓱ 重設模型的比例尺

⓲ 重設模型旋轉角度

⓳ 在素材面板上登記3D素描人偶

⓴ 切換是否鎖定所選關節

㉑ 解除所有鎖定關節

預設

D 姿勢

初學者從**預設**中選會比較簡
單。可以增加手的變化。也可
以將不想有動作的手指鎖定再
調整其他手指。

E 漫畫透視

加上漫畫風格的透視。

沒有加上漫畫風格透視

漫畫風格透視

A 角度

可以從預設的視角來選。

B 反映光源影響

呈現光影的樣子。拖曳球體就可以
改變光源的位置。

C 改變體型

調整模型的體型。可以移動十字線
或直橫線將整體大致調整。要取消
設定的話可以點選一下旁邊的圓形
圖示。

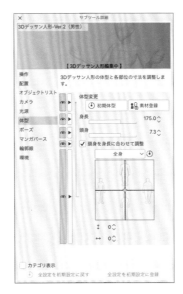

在輔助工具的詳細選單
調整模型的體形
可以針對身形做細部調整。

工具屬性
可以以數值決定3D物件的比例尺或
位置等。

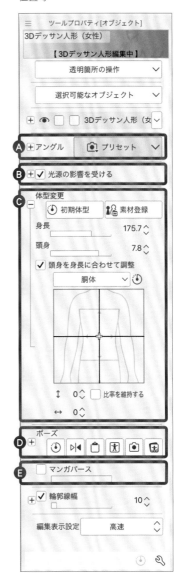

加上姿勢

拖曳零件讓人偶有動作

將想移動的零件（部位）直接拖曳移動。附近的部位也會跟著連動起來。

從「**素材>3D>姿勢>全身**」中選出想要的姿勢，將3D速寫人偶拖曳放到工作區域上。首先先從這一步開始。

從預設的姿勢中選取

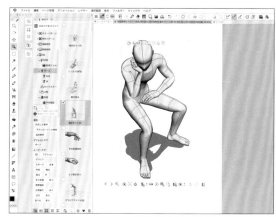

以動畫控制器使人偶產生動作

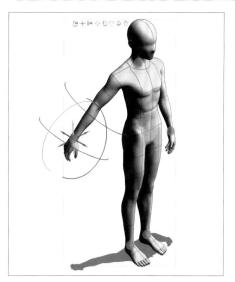

點選**控制點**後就會在可以移動的方向出現箭頭，可以轉動的方向則會出現圓弧線，且往各個方向會分別以紅、藍、綠標示（不能移動的方向就不會出現箭頭或圓弧線）。點選想要移動方向的箭頭（圓弧線）後，箭頭（圓弧線）就會變成黃色，可以只設定往想要的方向移動。

點選3D速寫人偶就會出現八個（腰、脖子、雙手與雙腳、視點的腳底中央）淺紫色的圓點（**控制器**）。點選時如果只選到該部位，再一次點選就會出現「**動畫控制器**」。移動這個控制器，就會讓其他個別部位跟著產生動作，可以做出直覺得動感動作。如果改變視點位置的話，臉部朝向的方向也會改變。將腰部控制點往下拉的話可以做出蹲下等動作。

以操縱預覽做出動作

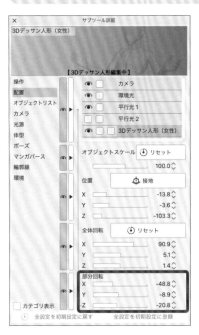

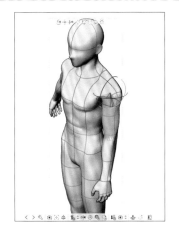

1. 點選想要做出動作的部分,可以轉動的部分就會出現以顏色區分方向的圓弧線。深綠色則是表示可以做出動作的範圍。點選想做出轉動部分的圓弧線時,圓弧線會變成黃色,這時拖曳圓弧線就能讓該部位產生轉動。

各個部位可以產生動作的範圍是固定的,沒辦法做出超過某個特定角度的動作。此外,如果將關節處固定的話,即使想轉動也會沒辦法做出動作。如果很難確定會怎麼動作的話,可以在**動作操縱預覽**的「**轉動視角**」中改變角度確認。

2. 在選取部位的狀態下開啟輔助工具詳細選單中的「**配置>部分轉動**」,也可以在此輸入數值讓部位轉動。不能輸入轉動範圍以外的數值。

3. 在最開始時人體結構是很困難的。沒辦法順利做出想要的樣子時,可以按下「**使模型返回初始姿勢**」的圖示,回到預設狀態後再重新嘗試。完成後別忘了將人偶貼到地面上。

4. 點選物件啟動器的**素材屬性圖示**,將做好的模型登記到素材面板中。

自訂筆刷、網點

CLIP STUDIO為了讓使用者更方便使用，所以有自訂功能。筆刷、裝飾、網點等都可以自訂做出自己原創的樣式。也可以利用喜歡的圖片（自己的作品等）做出自己專屬的筆刷。隨機生長的雜草、在空中飛舞的音符、五線譜、金屬環、有刺的鐵絲、飛濺的水花等等，也有各種應用方式。試著做做看自己專屬的樣式吧。

製作裝飾筆刷

試著做做看散落葉片的裝飾筆刷吧！

準備素材圖片

描繪要當成筆刷素材的圖（畫筆筆尖用的圖片）。

以黑白或灰色圖層描繪	筆刷的黑色部分會是色彩面板上選擇的主要顏色，白色部分則是次要顏色
以彩色圖層描繪	筆刷顏色會直接呈現當初設定的素材顏色

注意事項

- 要畫在點陣圖層上！

畫在向量圖層上的圖沒有辦法當成筆刷的素材。

- 筆刷用的素材圖片會因畫在哪個圖層上改變顏色。

素材圖片只有一種的話，做成筆刷會有點單調，所以畫出三種不同的葉子。用黑色描繪邊線並用白色填滿中間。如果背景設定為白色就會看不出來到底有沒有填滿白色，所以可以將「**顯示＞紙張**」改為不選取。

想在色彩面板改變筆刷顏色的話就以黑白或灰色圖層描繪。如果想都用某個顏色的素材的話，就在彩色圖層上描繪筆刷用的素材圖片。

登記筆刷的作法

將選取起來的圖片登記為素材。

在「**編輯＞登記素材＞圖像**」中，將素材取一個自己易懂的名稱。

作為畫筆筆尖使用：要勾選。

素材儲存位置：選擇要儲存的檔案夾。

搜尋用關鍵字：加上關鍵字後之後要搜尋素材就會比較方便。

要登記為畫筆筆尖用的素材時，要將葉子分別用選取工具選起來。以選取工具圈選起來的範圍就能登記成素材。為了配合形狀所以使用收縮選取。

按下OK後圖片就會登記到素材面板中了。

製作自訂筆刷

將原本內建的筆刷複製後加一點變化,非常簡單。

2. 點選「**裝飾筆刷>輔助工具>草木>銀杏葉**」,再從輔助工具的選單中選擇「**複製輔助工具**」。

1. 這次要做葉片散落的筆刷,所以先選一個一樣是葉片散落的裝飾筆刷「**銀杏葉**」複製使用。

3. 在選單中將複製的工具重新命名。

5. 選取素材圖片即可。如果素材逐漸增加,之後要找就會很麻煩。這時可以像之前所述加上關鍵字,搜尋時會比較方便。也可以在搜尋的關鍵字中輸入圖片的名稱尋找。

4. 開啟複製好的輔助工具詳細選單。點選「**筆刷形狀>畫筆筆尖>筆尖形狀銀杏葉**」,點擊畫面中那個向下的**三角形**或是右下方的白紙圖示(**代表新增**),讀取剛剛設定好的素材圖片。

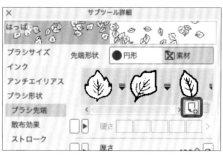

7. 完成後試著畫畫看吧！黑白素材圖片做出來的筆刷中，黑色部分會是色彩面板中選擇的顏色。白色部分則是次要顏色。如果色彩面板中選擇的是白色，畫出來的就會是全白的樹葉，這點要多加留意。

6. 要加入素材時就重複點選「**新增**」再讀取素材圖片。只要拖曳圖片就可以改變圖片的順序。要以其他圖片取代讀取好的素材圖片時，點選圖片右邊的箭頭即可。

調整筆刷

輔助工具詳細選單

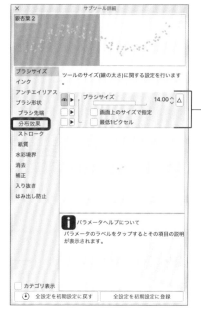

・筆刷尺寸
代表筆刷擴散的區域。並非葉子圖片的大小。

• **分布效果**

on 將葉子的尺寸調整為顆粒尺寸。葉子的角度則是在**分布效果＞顆粒方向**中調整。

off 將小於顆粒尺寸的參數值關閉。葉子的尺寸可以在「**筆刷尺寸**」中調整。葉子的角度則是在「**畫筆筆尖＞方向**」調整。

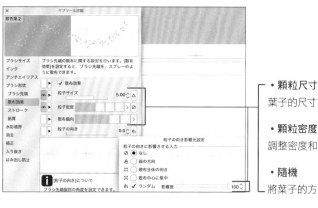

・顆粒尺寸
葉子的尺寸

・顆粒密度
調整密度和散落的狀態

・隨機
將葉子的方向設定為隨機

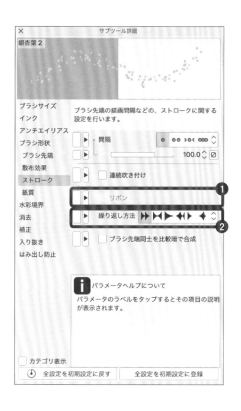

❶ 緞帶

勾選後就會沿著運筆方向將筆刷做變形。經常用於表現蕾絲、荷葉邊、緞帶等服裝裝飾，或是鐵網、鐵鍊、電線桿、柵欄、五線譜等。

on 沿著運筆方向將畫筆筆尖的圖片變形並連結在一起

off 沒有勾選「緞帶」時呈現的樣子

❷ 反覆的方法

圖片出現的順序。從圖片中看看變化吧。

重複	▶▶	123123123123
折回	◀▶	123212321232
不重複	▶	123333333333
隨機	◀▶	131222132133
僅一次	▶	123
隨機僅一次	◆	213

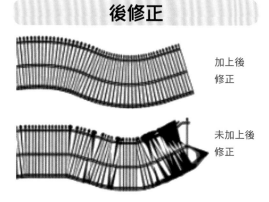

加上後修正

未加上後修正

為了不讓電線桿或柵欄等較硬的結構物強烈變形，可以在工具詳細選單的「修正」中點選「後修正」。

自訂網點

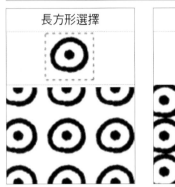

長方形選擇

收縮選擇

將想要做成網點的素材像和製作自訂筆刷時一樣，用收縮選取工具圈選，如果想要有留白的話可以用長方形工具或套索工具選取。登記為素材的做法也和自訂筆刷時相同。在素材屬性的「**編輯＞登記素材＞圖像**」中進行。

試著做做看磚牆吧

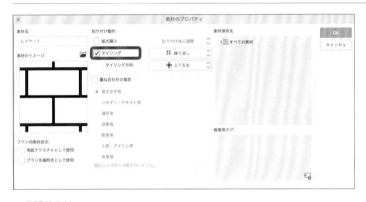

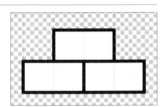

1. 顯示柵格，並沿著柵格以圖形工具中的「長方形」畫上方塊。直向與橫向的比例為1:2。

3. 登記的作法

點選「**編輯＞登記素材＞圖像**」。命名後勾選填滿即可。

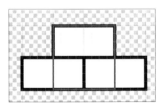

2. 要做出連續圖案的網點時，決定「哪個部分是作為基準的最小單位」是很重要的。這次要做的磚塊則是以上圖紅色框線所示處為最小單位，所以在這個部分以**長方形選擇工具**沿著柵格選取。

4. 磚塊的網點完成了（藍色點點圈起來的範圍是最小單位，在這裡可以將整體的網點做變形）。

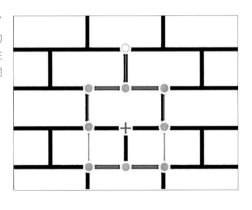

不登記為素材，輕鬆製作自訂網點

如果是只用一次而已，那麼用這個方法做也很好。

2. 在「圖層＞圖層轉換」中選取「圖像素材圖層」。如果沒有必要的話可以不用勾選「**保留原圖層**」。

1. 為了描繪素材圖片，建立一個新圖層畫上圖案。

3. 在物件工具的工具屬性中點選「**填滿**」，就能輕輕鬆鬆做出連續圖樣。

自動記錄步驟

自動動作是為了讓操作某些步驟自動化的功能。將CLIP STUDIO中做的步驟記錄下來，只要按下重複播放鍵就會自重複進行。將常用的操作等登記起來就能自動製作了。

2. 現在新增了一個沒有任何動作紀錄的「動作1」。點選下方的紅色圓形圖示後，就會開始記錄「動作1」所做的所有步驟。

3. 在記錄的時候圖示會變成方形，這時會把CLIP STUDIO的動作錄影下來。例如新圖層、改變圖層命名等等。也有些自動記錄無法錄下來的（像是繪圖、選取某個區域等）。記錄完後請按下紅色的正方形圖示。

1. 點選「視窗＞自動動作」，再點選右下角的「新增自動動作」圖示。

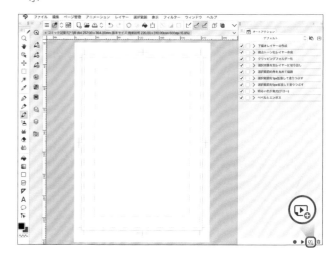

6. 有些步驟左邊有一個方形，點選方形後會變成如圖所示的圖示，在進行到這個步驟時會出現輸入視窗（如果沒有勾選的話，就會將重新命名的名稱自動輸入）。

5. 點選掉左側的勾勾，就會跳過這個步驟，直接進行到下一個步驟。

4. 自動動作中記錄了許多步驟。每一個動作都可以改變順序，再按下紅色圓形按鈕的話，也可以繼續新增步驟。

登記範本

將工具區域的排版等事先登記為範本,之後在新增作品檔案時會很方便。

登記範本的方法

首先,先以「**新圖層**」等方式在**圖層面板**中新增一個常用圖層。因為會被登記在範本中的不是只有圖層版面,在圖層上描繪的圖畫也會被記錄為範本,所以描繪時的注意事項或指示等等,像是主角的頭髮要用哪一種網點、筆的粗度要設定多粗等等,可以寫在底稿圖層的框外(最外面的外框以外的部分不會被印刷出來)會比較好。

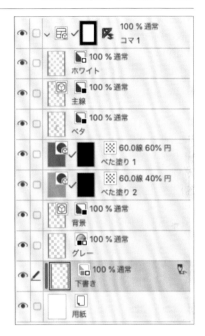

1. 點選「**編輯>登記素材>範本**」。

   素材名:這個範本的名字。若是專用在某部作品上的範本,那取成作品名也不錯。

   素材儲存處:這個範本儲存的資料夾。可以製作自己專用的儲存用資料夾,但在這裡先選擇「**所有素材**」中的「**漫畫素材**」吧。

2. 將範本素材加入素材面板中了。拖曳到工作區域上再放開後就可以開啟素材了。

3. 新增作品檔案的時候勾選「**範本**」的話,就可以選擇範本套用到工作區域中。如果是多頁的檔案的話也會套用到全部的頁面中。

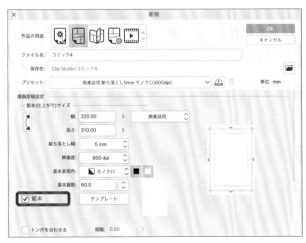

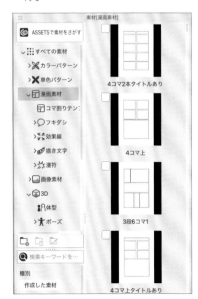

勾選範本的話,在作品檔案中點選「**新增頁面**」時,也會自動將範本套用到新增的圖層中。

設定快速存取的作法

快速存取面板是個可以將常用的工具、命令列、步驟等功能記錄下來的面板。可以加入初始設定中很常用的功能，也可以加入自己喜歡的功能。

4. 從列表中點選想登記的功能並按下「**追加**」按鈕即登記完成。

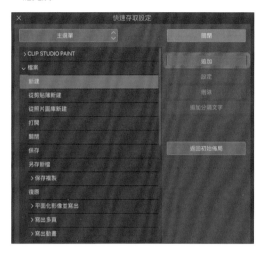

除了可以從快速存取設定中登記之外，直接將工具等拖曳到快速存取面板上再放開也可登錄完成。

1. 點選快速存取的圖示。

2. 選擇快速存取設定。

3. 打開主選單選擇項目。

這次就來做做看動畫吧！

好耶！我以前的夢想可是當聲優喔！

如果將作品的類別選為「動畫」的話，可以做出真正的動畫，不過太認真的話會很累。

作品用途：動畫

話是這麼說，但CLIP STUDIO的動畫功能太多了，這次就大概說明一下吧！

咦—我的名字—來做動畫劇場版啦—

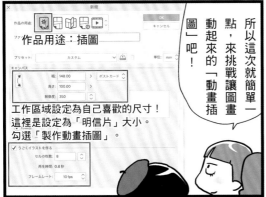

所以這次就簡單一點，來挑戰讓圖畫動起來的「動畫插圖」吧！

作品用途：插圖

工作區域設定為自己喜歡的尺寸！
這裡是設定為「明信片」大小。
勾選「製作動畫插圖」。

製作動畫時，這個「時間軸」視窗非常重要！

如果沒有時間軸視窗的話，就在這裡點選開啟！

第一次看到動畫檔案夾呢，有好幾個圖層耶。

這個一格一格的稱為「影格」。

接著先點選這裡！「使描圖紙有效」的圖示！

總之先在工作區域上畫個畫看看。

哇！是兔子！

圖層1上，都會出現縮圖。

時間軸上的影格1和

描圖紙？

啊！兔子變成藍色的了！

接著在時間軸上點選第二個影格看看。

怎麼好像很麻煩——

還要注意的是，當時間軸上變成影格2之後，圖層也會變成圖層2呢！

時間軸上的網格和動畫檔案夾中的圖層是一個一個互相連動的。

沒錯！這就是「使描圖紙有效」。

「使描圖紙有效」就是能夠透視前後影格的功能。

可以一邊參考前後影格的圖片一邊描繪。

在CLIP STUDIO裡前面的影格會以藍色呈現，後面的影格則呈綠色

會變成怎樣呢？

畫好後按一下這個按鈕。

點選影格來畫吧！

嗯——總之先把麻煩的事放一邊。

哇!!動起來了!!

因為畫成漫畫，所以看不出來啦～

好！完成了！

138

好！那我要用這個來製作贏過○卜力的作品！宮○駿你等著！

喂喂…

好！這樣就可以了！

好！

「底紙」只到一半而已，這樣工作區域會變成透明的，所以要拖曳這裡。

不過做這麼短的動畫是贏不了的！要增加影格數的話該怎麼做……

嗯——雖然我是覺得應該跟長度沒關係啦。

我要來畫個四億張！

真的很喜歡四億耶！

拖曳時間軸上這個藍色的標籤。

對了，最後來說件麻煩的事。

就算在動畫檔案夾裡新增了圖層，也沒辦法直接使用喔。

一張2張

還有3億9999……

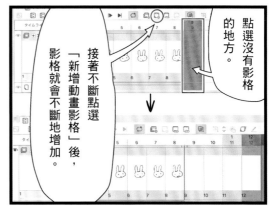

點選沒有影格的地方。

接著不斷點選「新增動畫影格」後，影格就會不斷地增加。

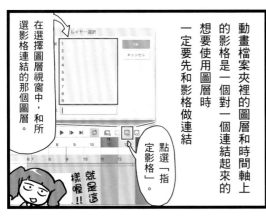

動畫檔案夾裡的圖層是一個對一個連結起來的，想要使用圖層時一定要先和影格做連結。

在選擇圖層視窗中，和所選影格連結的那個圖層。

點選「指定影格」。

就是這樣喔!!

時間軸上的圖示說明

「使描圖紙有效」就是指能讓前後膠片上的影格可以透到作業中影格的功能。要能透視到幾格之前的圖、深淺、顏色等等，都可以在「**動畫＞顯示動畫影格＞描圖紙設定**」中設定。基本作法是將「使描圖紙有效」設定為on（依需求也可設定為off），且同時在各個膠片的影格上描繪。而將「使描圖紙有效」設定為on，就可以看到前面影格的內容並跟著描繪。完成之後就按下播放／停止的圖示來播放確認看看吧。

① 與關鍵影格相關的圖示

② 編輯時間軸

③ 新增時間軸

④ 將時間軸顯示放大或縮小

⑤ 回到起始點

⑥ 回到上一段膠片

⑦ 播放／停止

⑧ 至下一段膠片

⑨ 快轉到最後

⑩ 無限循環

⑪ 新增動畫檔案夾

⑫ 新增動畫影格

⑬ 鎖定影格

⑭ 解除鎖定影格

⑮ 使描圖紙有效

⑯ 與關鍵影格相關的圖示

增加膠片的作法

膠片也可以之後再增加。隨著膠片增加，動畫的時間也會變長。

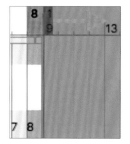

1. 拖曳時間軸後端的深藍色標記。

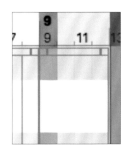

3. 點選「新增動畫影格」，在新增的膠片中加入影格。

2. 增加膠片長度。

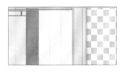
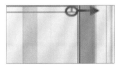

4. 只有在增加膠片的部分背景會變成透明的，將「用紙」也拉長到和新增的膠片等長後就可以解決了。

將圖層指定於相對的影格

想要讓新的圖層可以使用、編輯的話,要指定連結相對影格。在「**指定影格**」設定要在影格中使用的圖層。

點擊「**指定影格**」後,會出現該當動畫檔案夾裡所有圖層的列表。在這裡選擇當下所選影格要對應哪一個圖層。

將多個圖層指定於相對影格

想指定多個圖層的話,就將圖層放入圖層資料夾中,再指定相對的影格。

在動畫檔案夾中新增一個圖層資料夾。將多個圖層放入資料夾中。接著在「指定影格」選擇這個資料夾。在資料夾中新圖層的話也會出現在影格中。一張使用多個圖層的畫也是有效的。

將影格複製、貼上

影格可以複製、貼上。不過並非像平常畫圖時從「**編輯**」中選取「**複製**」「**貼上**」的作法,請多加留意。

1. 將想要複製的影格選取起來,點選「**動畫>軌道編輯>複製**」。

2. 選取要貼上的影格,點選「**動畫>軌道編輯>貼上**」,影格就複製好了。

我們橫渡了七大洋

打倒了許多敵人⋯⋯

透視什麼的少囂張了!

然後

旅程結束之時終於到來

這就是

CLIP STUDIO的結晶寶石啊!

是數位漫畫之神,給予我們的寶物⋯⋯

只要有了這個就無敵了!

咦?上面寫著什麼?

那瞬間
牆壁崩塌
出現了許多我們
從沒看過的東西

咦?

3D是深不見底的沼澤

自訂裝飾是無止盡的迴廊

動畫的無際森林

文本管理功能之謎

我們的旅行好像還是要繼續……

路途漫長,

稍微休息一下吧——

作者簡介

青木俊直（AOKI・TOSHINAO）漫畫家。1960年生於東京都。
畢業於筑波大學第三學群基礎工學類。除了繪製漫畫、插圖以外，也會製作
CG動畫。和富士電視台「ウゴウゴルーガ」（UGO UGO LHUGA）、NHK
「なんでもQ」（什麼都問）「みんなのうた」（大家的歌曲）「おかあさん
といっしょ」（和媽媽一起）等節目都有合作。負責遊戲APP的開發與角色設
計，近年也參與「ひそねとまそたん」（飛龍女孩）「きみの声をとどけた
い」（想要傳達你的聲音）等動畫角色原案。除了積極舉辦個展外，也參加了
為數頗多的團體展。京都精華大學漫畫系兼任講師。

iPad & CLIP STUDIO PAINT EX DE EGAKU YURUYURU MANGADO
© TOSHINAO AOKI 2020
Originally published in Japan in 2020 by GENKOSHA CO., LTD, TOKYO.
Traditional Chinese translation rights arranged with GENKOSHA CO., LTD,
TOKYO, through TOHAN CORPORATION, TOKYO.

用 iPad & Clip Studio Paint
開創漫畫之路
告別電腦與繪圖板，電繪輕鬆隨手畫！

2021 年 4 月 1 日初版第一刷發行

作　　　者　青木俊直
譯　　　者　黃嫣容
責 任 編 輯　魏紫庭
發 行 人　南部裕
發 行 所　台灣東販股份有限公司
　　　　　　＜地址＞台北市南京東路 4 段 130 號 2F-1
　　　　　　＜電話＞(02)2577-8878
　　　　　　＜傳真＞(02)2577-8896
　　　　　　＜網址＞ http://www.tohan.com.tw
郵撥帳號　1405049-4
法律顧問　蕭雄淋律師
總 經 銷　聯合發行股份有限公司
　　　　　　＜電話＞(02)2917-8022

國家圖書館出版品預行編目（CIP）資料

用 iPad & Clip Studio Paint 開創漫畫之路：告
別電腦與繪圖板，電繪輕鬆隨手畫！/ 青木俊直
著；黃嫣容譯 . -- 初版 . -- 臺北市 : 臺灣東販股
份有限公司, 2021.04
144 面 ;18.2×25.7 公分
譯自 : iPad& クリスタで描く ゆるゆるマンガ道
ISBN 978-986-511-658-3（平裝）

1. 電腦繪圖 2. 漫畫 3. 繪畫技法

312.86　　　　　　　　　　　110002916